圖說精神疾病

揭開抑鬱症的面紗

苗延琼 著

圖說精神疾病

揭開抑鬱症的面紗

苗延琼 著

目錄

序一
宗教信仰·精神健康·情緒病

最近，一位任職銀行中層管理工作 20 年的朋友通知我，他要離職了，因為工時太長，身體承受不了，已發出了警號，所以選擇離開，休息一下。能夠有條件選擇離開，已是萬幸。活在香港這個側重單向經濟發展及高度緊張的社會文化下，大環境並非短期內能以轉化改善時，社會上難免充斥着許多的焦慮、怨忿、無力感、挫敗感及生存意義的模糊感覺。如果再加上個人成長中未療癒的創傷及人際關係的疏離，人的內在世界就較容易出毛病。思維的凌亂及情緒失調，製造出許多不快樂的你我他。面對這些內心飽受困擾以致快樂不起來的朋友，除了精神科專業人士及輔導師的協助外，宗教信仰也不失為一個對人的精神健康固本培元有效的辦法。這裏所謂的宗教信仰，包括「信念」和為活出這些信念而衍生出的「靈性修持」方法，二者相輔相成。那麼，宗教信仰能為現代人提供怎樣的支援？

宗教信仰能提供給人保持精神健康的第一個幫助是「意義感」。

你為甚麼生在世上？

做人的意義何在？

我為誰活？為甚麼（乜嘢）而活？對於這誰、這甚麼，你甘心嗎？

意義感提供給人一個生命的取向，以免糊裏糊塗地過一生。

佛陀感悟人生太多苦難，他教導人找出受苦的基本原因及如何才能離苦得樂，並以此普渡眾生，這也成為信佛者的畢生職志（vocation / calling）。

耶穌，這位以人的身份在人間只活了短短三十多年歲月的神，為甘願追隨祂的人，指出為人的真正意義：打造這世界成為一塊人間淨土、地上天國。見證寬恕是可能的，明天會更好。邀請每一個人每天透過工作、社交以至家庭，在每天平凡的生活中，成為別人的福源而非他人受苦的原因。

你有怎樣的信仰，就會有怎樣的人生。

宗教信仰提供給人保持精神健康的第二個幫助是「人非孤島」（No man is an island）。

當從天空俯望海上群島時，你會見到每一個島嶼都是如此獨特，沒有兩個島嶼是完全相同的。然而，當你潛入海底，就會發現原來在海床深處，所有島嶼都是連在一起的。同樣，雖然每個人都是獨一無二的，不過在生命深處，一眾生命原來都是連在一起，你中有我，我中有你。生物學家稱之為生命鏈；一行禪師名之曰「interbeing」；基督教義則認為眾人都是神的子女，大家都是兄姊弟妹。結論是：雖然每個人都得自己面對自己的人生，但站在天地之間，自己原來並不孤單，有愛你的人守護着、記掛着你；有不喜歡你的人在鞭策着你；多少動植物滋養着你；夜闌人靜，感覺寂寞落泊時，有天上的星星陪伴你；對「未知」心懷恐慌時，有神滿含愛意地注視着你。人啊人！不要怕，只管信。

無論你所信的對象的稱謂是甚麼（神、佛、天、宇宙……），它們都指出同一的事實：

天地間有一雙比你更強力的手在承托着你，在你認為無人愛你甚至自己也不愛自己時，仍有一顆愛着你的心。而我必須與這雙手、這顆心建立起一份個人的、深入的和親密的關係，如此我才能在面對自己獨有的人生際遇和挑戰時，不再感到孤立無援。

宗教信仰提供給人保持精神健康的第三個幫助是「人是可貴的」。

每個人來到這世間走一回，都帶着一份獨特的禮物而來。窮此一生，人要發掘出這份禮物是甚麼，並以此來豐盛世界。神需要你，佛也需要你，宇宙更需要你。天地間你舉足輕重；世界雖大，有你在，應該會好一點；沒有了你，真的有點可惜！你並非可有可無。神降生成人就是要教曉你這一點：每個人，不論是否教徒，都擁有神的質地，神的 DNA，即：一顆敢於愛及被愛的心、一個能明辨是非尋根究底的頭腦，以及一種生生不息的生命能量。法國大革命和美國獨立宣言都強調自由、平等、博愛乃一項自明真理（self evident truth），但他們都沒有指出這個自明真理的基礎何在。基督宗教信仰提供了一個 30 億人信服的解釋。佛家常言一切的生成，無非是因緣和合，而佛終其一生，就是要你明白，你的出現，並非偶然。

對於情緒精神上備受困擾甚至出了問題的人，宗教信仰並非是一劑特效藥。但正如上述所指，信仰中的「意義感」、「連結感」和「自我珍重」提供給人一個較不易陷入情緒病的保護網；以筆者多年的觀察和體驗，抱持宗教信仰及長期在靈性上有所修持的人，並非便會免於情緒上不受困擾，出家人也會焦慮，神父也能得憂鬱症！不同的是，當負面情緒出現時，有信仰和認真於靈性修持者，能更早發現自己的狀態，減低不自覺地沉溺於負面思維和感受的可能。與此同時，為正接受藥物及心理治療（to cure）的朋友，宗教信仰的確有助受助者早日進入自我療癒（self-heal）的過程。

人之深處，有個名曰心靈的地方。人要好好地珍惜它。

關俊棠
神父，人格及心靈輔導師
2019 年 5 月 3 日

序　二

《圖說精神疾病：揭開抑鬱症的面紗》以個案出發，深入淺出地介紹抑鬱症的常見徵狀及治療方法。抑鬱症雖說是常見精緒病，但對很多人來說，亦頗不容易察覺其徵狀，從而及早治療。

抑鬱症成因複雜，從遺傳基因，到大腦疾病，以至生活壓力，不同患者都感受到不同程度的影響。引伸至治療方面，在生理、心理、社交，甚至靈性角度的全面關顧，對此病的治療和癒後恢復均有效果。苗醫生在書中，為不同的抑鬱症治療方法，作出了詳盡的解說，涵蓋抑鬱症各方面知識，讓讀者能對此有一個基本的概念，實屬難得。

林翠華
香港中文大學精神科學系教授

序 三

人與家庭有着環環緊扣、互相滋長的關係，個人身心成長亦受其家庭經驗所影響。當人面對困難的時候，社會上普遍以個人心理治療為人排解煩憂。但從家庭治療的角度出發，個人的困擾被視為家庭層面的問題，因此家庭亦成為整個治療的聚焦點。

家庭系統思維，擴展了我們看個人問題和煩惱的視野。抑鬱症不是一個人的問題，它的背後往往有着錯綜複雜的家庭故事。

苗醫生邀請我為她的新書寫序，我欣然的答應了；能見證她實現三十年的夢想是我的榮幸。我希望以一個婚姻及家庭治療師的身份，述説一些臨床案例揭開抑鬱的「家庭」面紗。

非常普遍的問題是婆媳衝突。對女人來説，婚姻是一個新家庭的開始，但是對婆婆和丈夫來説，結婚只是他們家多添了一位附屬成員。搬入夫家，婆婆和丈夫仍然是緊密的一對，妻子卻是局外人。當二人世界的夢想落空，自己又孤立無援，她哪能不憂鬱？

婆媳之爭，爭的就是那個男人的支持。做丈夫的，究竟忠於媽媽還是太太，夾在兩個女人中間，實在讓他們苦惱，多半逃避了事。有案例是丈夫最後也得了抑鬱症，病了可以讓他暫時逃避去處理婆媳衝突。

要處理婆媳間的問題，丈夫是最核心的人物。當丈夫能站在妻子這一邊，讓她覺得他是維護她的，她自然也會愛屋及烏，對丈夫愛錫的婆婆和家人釋出善意。

年輕的母親自從生了小女兒後被診斷罹患產後抑鬱症，大兒子也在那時確診輕至中度的亞氏保加症，小兒子則經常在學校搞破壞、在家也情緒失控，被懷疑患過度活躍和專注力不足症。丈夫在育兒方面欠參與，少了丈夫分擔親職工作，使她的壓力倍增。對於一個年輕的母親，照顧三個小孩已不是易事，而且還有兩個是有特殊需要的小朋友，如果身邊沒有足夠的支持，她哪能不抑鬱？

這個家庭存在着妻子的「功能過度」和丈夫的「功能不足」的現象。能讓丈夫多參與親職工作，才可以紓緩妻子的壓力。

患上抑鬱症的媽媽在家情緒失控，會採用打罵的方法懲戒調皮搗蛋的孩子。當我再進行深入的訪談，就會發現原來每當媽媽要管教兒子的時候，婆婆便介入保護孫子；面對兩個女人之爭，丈夫選擇站在自己媽媽的一邊；孩子有祖母和爸爸撐腰，怎麼會聽媽媽的話？面對三代聯手對抗她的局面，媽媽又哪能不情緒失控？

要打破這個跨代聯盟的惡性循環，丈夫是關鍵人物。當丈夫能站在妻子的一邊，抵禦婆婆的干預，媽媽才可以樹立權威，孩子才會聽話。

臨床個案中還有一個普遍的現象，就是家中夫妻關係緊張，而孩子身上出現了大大小小的問題包括抑鬱症；母親的視線從緊張的夫妻關係轉移到孩子身上。對於夫妻間的不協調和衝突，雙方多採取逃避方式，積壓的仇怨使得兩人的情感逐漸薄弱和疏離。丈夫把精力投放在家庭以外的世界：工作、嗜好、朋友，甚至其他女性身上；妻子則把婚姻上的不滿足與不開心暫時放到一邊，只從孩子身上尋求慰藉，導致母子關係過度緊密、糾纏。接見這些家庭前，患病的孩子是一個倚賴媽媽照顧的病童，評估過程中，我卻發現他是一個忠心於母親的守護天使，不是他需要媽媽，其實是媽媽需要他。他的成長路途那麼艱難，不是因為他患了抑鬱症，而是他放不下孤單寂寞的媽媽。

想幫助孩子重拾正常青少年的生活，父母就要同心協力不讓孩子捲入父母的矛盾中。

能讓抑鬱症患者得到適切和全面的治療，我們不要忽略家庭這個重要資源：配偶、父母、家人是醫治情緒病的靈藥！

王愛玲

婚姻及家庭治療師

序　四

於臨床心理治療的工作當中，時常被問及：「你的工作很辛苦，時常需要聆聽別人的傷心悲痛事。」而每次我的回答也是：「不會，能夠真實地去面對不同的情緒，比強顏歡笑來得更自然坦誠，反而是一種真實自在。」

同樣，確實地去認識理解抑鬱症，比逃避掩飾更能誠實地處理自己的思緒或理解患者的身心狀況。苗醫生這本《圖說精神疾病：揭開抑鬱的面紗》，正是如實地給讀者展示抑鬱症的不同面貌。作為執業已 30 年的精神科專科醫生，苗醫生不但於書中以西醫角度詳述抑鬱症，更分享一些與抑鬱症患者相處的小故事和經歷。但是，苗醫生的角度一直沒有局限於西方醫學的層面，所以書中更涵蓋其他角度，包括心理治療、中醫及靈性（不一定與宗教有關）這些範疇來闡述抑鬱症的不同面貌。

抑鬱症並不是一些抽象概念和一大堆徵狀，而是影響着患者及身邊人每日生活思緒的無形枷鎖。所以，苗醫生在書中以幾個骨幹角色，貫穿全書來具體描述該怎樣面對這個被稱為 21 世紀的健康殺手。除此之外，苗醫生知道以圖畫說故事的力量，所以邀請了陳小姐（Mo Chan）為書中加上切合內容的漫畫，令讀者更能掌握書中的內容。

對社會大眾而言，抑鬱症不是一個陌生的名字。若不想認識只流於表面，翻閱此書定必讓你獲益良多。

黃雯穎
香港心理學會臨床心理學組
註冊臨床心理學家

序五
我此世為誰而來？

我的一生，風雨交加，三次抑鬱，兩次狂躁，箇中顛簸，很難跟人說得清楚。

走過風雨，猛一回首，也無風雨。也許，風雨它曾經出現過？也許，它讓我更堅強，然後，更多人藉此得到啓發與安慰？

抑鬱症很可怕。吃藥很重要，雖然有副作用，例如手會抖震，但跟醫生溝通，讓醫生調好藥，可以將副作用減至最低。另外，外在環境與調節心態，跟吃藥一樣重要。正如苗醫生在書中指出，藥物不是開心藥，它只會讓你不抑鬱，它不是洗腦藥，可以將你不開心的事情抹走。你仍然要靠自己。

抑鬱來了，只能跟它並存。不是踢走它，而是感受它，然後推自己走出安全區（comfort zone）一步，做一些辛苦但必需的事情，例如吃東西，起床，曬太陽，散步，與人接觸，向人傾訴，然後，堅信天無絕人之路。只要不放棄自己。

抑鬱期內，我嘗試跑步，不想太遠，只看當下一刻，跑一步，算一步，不想過去，不想將來，只有當下，我已經轉化成當下，我就是當下。我覺得這個方法很奏效，它減少了我許多憂慮，而憂慮無益，只會蠶食我的精力，於事無補。我一直保持這個心態。難麼？難，但值得好好學習。學好它，運用它，受用不盡。另外，萬事都在變化當中，不會止頓於一點，轉機說不定就在轉角之處。我如是安慰自己。

抑鬱症病人，低沉時，很容易想到自殺。對於自己的優點，很容易忽略。我走過這段路，很能夠明白。其實，這是因為生病，才扭曲了自身的存在價值，吃了藥，腦的分泌正常了，想法便會大大不同。而且，學習欣賞自己很重要，例如善良，為人體貼，忠於自己，諸如此類。這些氣質很珍貴，不是人人都具備。

生活上，我盡量開源節流，省吃儉用，咬緊牙關過日子。

我又會提醒自己接受環境，適應環境，順其自然，隨遇而安，因而少了許多人常有的憤怒、怨懟。慢慢，我知道，這就是堅強。

假如生存辛苦的話，我學習放鬆，讓心靜下來，柔和一點，隨它辛苦，逆來順受；由始至終，保守一顆清淨心，世界於焉不同。這顆心，很珍貴，不會因外物改變，也沒有人可以將它攫走。它遺世獨立，如風中燭火，晃動，隱約，微細，卻實在。

風雨之後，我更懂得生命。此世，我為你而來。我從未如此清晰。假如你在黑暗中，到底眼前一熱，流下一滴眼淚，然後微笑了，我會很快樂。走吧，我們一起走。天地悠悠，歲月匆匆，我們有着自己的步履，只管走。

洪朝豐
資深廣播人

自　序

時光飛逝，不經不覺，我在精神科工作，已經有 30 年！

還好像是昨天的事：那是我實習的最後一站，地點是在伊利沙伯醫院的婦產科。那是 1989 年，剛碰上六四事件：窗外，有成千上萬的人在街上遊行；窗內，是一陣一陣產婦呻吟聲，和嬰兒呱呱墜地的哭聲。我頭一次經歷那樣沉重的社會壓力。剎那間，產房內再不是充滿新生的喜悅的地方，我們的心情都曾那麼沉重。

這段時期的不安的思緒，令我掙扎了很久。一向喜愛文學的我，最終決定選擇了精神科。我認為就像文學一樣，精神科會有一個不同的空間和土壤，令我可以更深入地探討人性、了解人生。

那時候，實習醫生完成了一年的實習生涯後，全都會被衛生署聘用（那個年代醫院的服務還是隸屬衛生署，到了後期，才成立了醫管局）。當年去應徵醫官（Medical Officer）一職，要被三位顧問醫生面試。見工時，我的心情很輕鬆，因為當時精神科很冷門，不是「爭崩頭」的專科。正如黃岐醫生曾經在我跟洪朝豐先生合著的《精神病房私密日記》（2019 年初由天地圖書出版修訂版，更名為

《也無風雨——鬱躁症交換筆記》）一書的推薦序上說：「內科醫生，甚麼都知曉，卻甚麼都不做；外科醫生甚麼都不懂，卻甚麼都敢做；精神科醫生，甚麼都不懂，甚麼也不做。」這是醫療界流傳很廣，很戲謔的説法。甚至有人粗略地估計，精神科醫生的智商比起其他科的醫生起碼要低二十分！實情是否這樣，真是見仁見智。不過我是一個喜歡我行我素的人，我並不介意別人眼中的我有沒有出息。

世界輪流轉，精神科現在是頗搶手的專科，外科、內科可能都不及它吃香。而後生一輩的精神科醫生，不只英俊漂亮，也很聰明醒目。

當年面試考核我的一位顧問醫生問我：「妳為何首選精神科？」我直截了當的告訴他，我覺得自己的性情和長處都適合做一位好的精神科醫生。可能他見我一臉的自信，想挫一下我的鋭氣，劈頭就問我：「精神科病人的自殺率很高，妳受得了嗎？」我反應很快的説：「不怕！」但是還不到一分鐘，我就後悔並改口了。

「怕，我怕！我一定會傷心難過，尤其是我親手醫治的病人。我不希望我變得專業卻無情到只有冷漠的理智，而沒有溫暖的心腸。這條學醫的路會很漫長，我要汲取經驗，從經驗中去找出一個跟病人最合適的距離：既有人性的同情心，又有專業的冷靜頭腦。」以上的對話，我當時是以英語作答。

這些年過去了，我仍然為那時的急才和誠實感到萬分自豪。

一如所願，我最終被派到一所著名的精神科醫院工作。我懷着那一腔的熱誠與自信，開始接受精神科的專科訓練。

黃毛丫頭，始終是缺乏人生經驗。剛從大學的象牙塔出來，我在人情世故上都顯得青澀幼嫩。那一所大型的精神病醫院，其實倒有點像制度化的精神病人收容所，其中不少是患上精神分裂症而長期住院的病人；有不少是長期被關在病房內，也有不少是容許在院內活動的。有些病人會依時依候的到職業治療部去進行復康活動；也有些病人愛漫無目的地在園子內來回踱步；有的會蹲在一角吸煙。其中有一些病人令我留下了很深刻的印象，至今歷歷在目。

有一個花名叫做「臭鼬鼠」的病人，他的頭永遠像上了一層蠟，油膩膩的，他一走近，就會嗅到他身上所散佈濃烈的體臭。後來知道他洗澡從不肯讓職員們幫助。讓他自己來的話，他就只把一盆水由頭頂淋下去，草草了事，從不肯用肥皂或沐浴露洗澡。

另有一個花名叫「鍾無艷」的病人。他之所以得此名字，是因為他一邊身真的是黝黑的，另一邊身卻是白皙的。這是因為他日間總愛躺在地上曬太陽，然而永遠躺在同一位置，採取同一姿態作「日光浴」，因為連身也不肯轉，所以弄得一邊身黑黝黝，另一邊身白雪雪，煞是有趣。

此外還有「輝仔」。輝仔是一個嚴重弱智的病人，連話也不會説，只是「嗚、嗚、嗚」地吼叫着。他長着一雙大得不合乎比例的手和腳。當他大步大步地走路時，就像猩猩一樣。他最愛打開別人的抽屜，去找尋食物。他吃東西的速度是驚人的。我有一次出於好奇而察看他的掌紋，才發現他獨特的掌相——雙手都是手掌中間只有一條雜亂的橫紋，整個手掌都是光滑的。不知看相的對這種奇特的掌相有甚麼心得和看法。不過我有一種很奇怪的感覺，我感到在他身上，有一種像動物般很粗獷、很原始的味道。

我沒想過「探討更深入的人生」會是這樣子。我像走進大觀園一樣，看見外表千奇百怪的人，雖然我知道我與他們，擁有着同樣的人性尊嚴和同等的核心價值，不需要被他們的樣子嚇倒，其實他們大都很有趣，其中有些還蠻可愛。不過，我對待他們時，始終會帶有一種抽離感。我不希望我以後的工作，會是這樣子！

直至後來我到了門診部工作，接觸多了患上焦慮症和情緒病的病人，我感到跟他們的距離較近，較易有共鳴，情感上我較容易把他們當作一個實在的人來看待。只是當時年紀還輕的我，其實並未能很深入的體會到病人的感受。那時我面對患有抑鬱症的病人，心裏會暗自認為是病人意志不夠堅定，或性格上有軟弱缺陷才引致抑鬱症。所以，精神科醫生需要有人生閱歷。作為醫生而未曾患過大病或經歷過挫折而曾經軟弱的話，可説是一種遺憾。在我以後高低跌宕的日子中，經歷多了憂患，雖未可以稱得上識盡愁滋味，但已較年少無知的我，對人多了一份體諒和寬容。

尼采說過，一個哲學家的思想系統，總是源出於他的自傳。而一切令人熱衷嚮往的種種哲學思想、宗教追尋，以至精神病、心理學的探討，能有多少得着，我想都跟個人的獨特體會和經歷有關。

我在 1989 至 1993 完成專業訓練，並在 1994 晉升為高級醫生。早期來說，我的事業可算順利。但我的衝動、敏感、情緒化的性格，卻是我之後的絆腳石。也許為了助己助人，除了熱衷於藥物治療外，我還不斷探索心理治療、哲學和信仰等範疇。

這些年來，我遇到很有啓發性的作家，如盧雲神父（Henry Nowen）。奧地利精神科醫師 Viktor Frankl 的《活出意義來》（*Man's Search for Meaning*），簡直是人類精神世界的瑰寶。美國的精神科醫生 Scot Peck，他的《少有人走過的路》（*The Road Less Traveled*）等，探討愛和成長等課題，他的智慧、勇氣和誠實，令我感動。

我在醫管局接受過心理治療的培訓，但得着不大。我反而對存在心理治療師歐文·亞隆（Irvin D. Yalom）最有共鳴。我看了他很多本著作。他的存在心理治療，成為我的工作和一直作為安身立命的基督教信仰的一條橋樑。亞隆醫師強調醫生與病人平等而真誠的關係，亞隆也提到治療中的愛和同情心，這是傳統冷冰冰的認知行為治療、心理分析等所缺乏的。實證醫學只是基礎，人本關懷才是治療的核心。

由始至終，我都不認為醫生有甚麼了不起，病人的問題很多時候何嘗不是自己的問題？亞隆醫師那本《生命的禮物》（*The Gift of Therapy*），是一本我多年來都會不時翻看的書。至於他早年那本《日漸親近》（*Every Day Gets a Little Bit Closer*），更促使我在2006年當洪朝豐先生入院，我成為他主診醫生期間，彼此寫了那本《精神病房私密日記》的靈感來源。

今時今日，抑鬱症日漸普遍，精神科的需求日益增加。我自己的奶奶，一直患有抑鬱症，她在2005年久病厭世，自殺死去。收到消息時，我感到很驚愕，也很忿怒、還夾雜着內疚——為何我救了別人的媽媽，但自己的奶奶反而會自殺？原來抑鬱症的悲慘結局，就發生在我至親身邊。就在那段哀傷期間，有一次，我騎單車路經粉嶺聖約瑟堂，碰巧遇上關俊棠神父主持彌撒，他的講道打進我的心，我從中得到很大的安慰！

在2006年，我離開工作了12年的醫院，轉到了另一間醫院去。我一直覺得自己的醫術還算可以， 想不到我完全不能融入那間醫院的人事和核心價值中——他們不看重病人的臨床治療。這對我來說是絕對不能妥協的事！所以在2011年，我決定離開，躋身私人市場。

對私人市場的適應真不容易，在2012年我因為工作壓力，於彌撒完了後第一次冒昧地找關俊棠神父，請求他替我作輔導。那時我感到很辛苦，沒有以前工作的安全感，就是我的朋友和病人也看出我不開心。關神父跟我談到了一行禪師的正念，這些年我也盡力實踐。關神父也叫我看 Richard Rohr 的《踏上生命的第二旅程》（*Falling Upward*）。讓我意識到自己或許已經踏入人生的下半場，明白到生命中的衰敗也是靈命的長進。我對關神父說：「可能我一生急躁、沒有耐性的性格就是我的『十字架』，也是聖保祿所謂的『刺』。」但生命成長不就是在這些張力中孕育出來的嗎？

說了這麼多，我想說情緒病雖然常見，但要達到有效治療，人的身、心、社、靈都要顧及。精神科醫生比起其他科醫生，更需要有人文關懷的精神、跨領域的修養，和開放的胸襟。所以想起來，能夠自行創業，我更能把自己的價值理念付諸實行。

因緣際會下，我請來了王愛玲博士，一位功夫很扎實的家庭治療師；何念慈女士、黃雯穎女士，她們都是很務實而善良的臨床心理學家；還有葉麗芬教授，她是我迄今為止，所見過最棒的言語治療師。最榮幸的是我邀請了關神父進駐我的診所，替求診者進行人格和心靈治療。我終於有了「身心社靈」的全人醫治的團隊。

我希望借助我近些年的經歷，寫一本可讀性高、能深入淺出介紹抑鬱症的書。網路的資訊很多，但往往太多也太雜，令人感到迷惘。我希望藉着這本書，把抑鬱症的診斷與治療過程，臨床時面對病人的常見疑慮，透過故事的人物：Miu Miu、泰臣、花姐、KC、Jelly 和 Dr. May，一一道出，希望藉此幫助到有需要的病人和家屬。

30年了，最近我日以繼夜地寫，希望早日完成這本書，為我這些年做一點回顧和沉澱。我由說故事開始，揭開抑鬱症的多面性，和介紹治療的不同角度。我對現今的依重藥物治療，輕視人本的心理治療，並不認同，我認為那是嚴重地將治療變得「非人性化」。

我有幸請來了關俊棠神父、林翠華教授、王愛玲博士、黃雯穎女士及洪朝豐先生為本書撰寫序文，謹致衷心謝忱！也特別感謝王如躍先生和羅德慧女士兩位中醫師為我這本小書寫了一篇細談從中醫角度看抑鬱症的專文。此外，為了增加本書的趣味性，我邀請了 Mo Chan 小姐畫插畫，她的圖畫很生動可愛，希望讀者會看得賞心悅目；我很希望將來和陳小姐可以繼續合作，一起寫出更多有關精神健康的書籍。

本書對有關抑鬱症的知識，進行了簡要的敘述。我們在書中用了大量的插圖，還設計了多個貫穿全書的故事人物，希望讓讀者在讀書的同時，也通過看「漫畫」的方式更好地理解抑鬱症的方方面面。如果通過這些故事人物，使大家產生親切感和提升可讀性，這將會是對我很大的鼓舞和欣慰。

最後，我希望藉着這些年自身和臨床的經歷，令社會大眾對日漸普遍的情緒病有更全面的認識和了解。謹盡個人少許的綿力，盼可令社會減少無謂的標籤，令有需要的人得到更適切和全面的治療！

苗延琼

2019 年 5 月 3 日

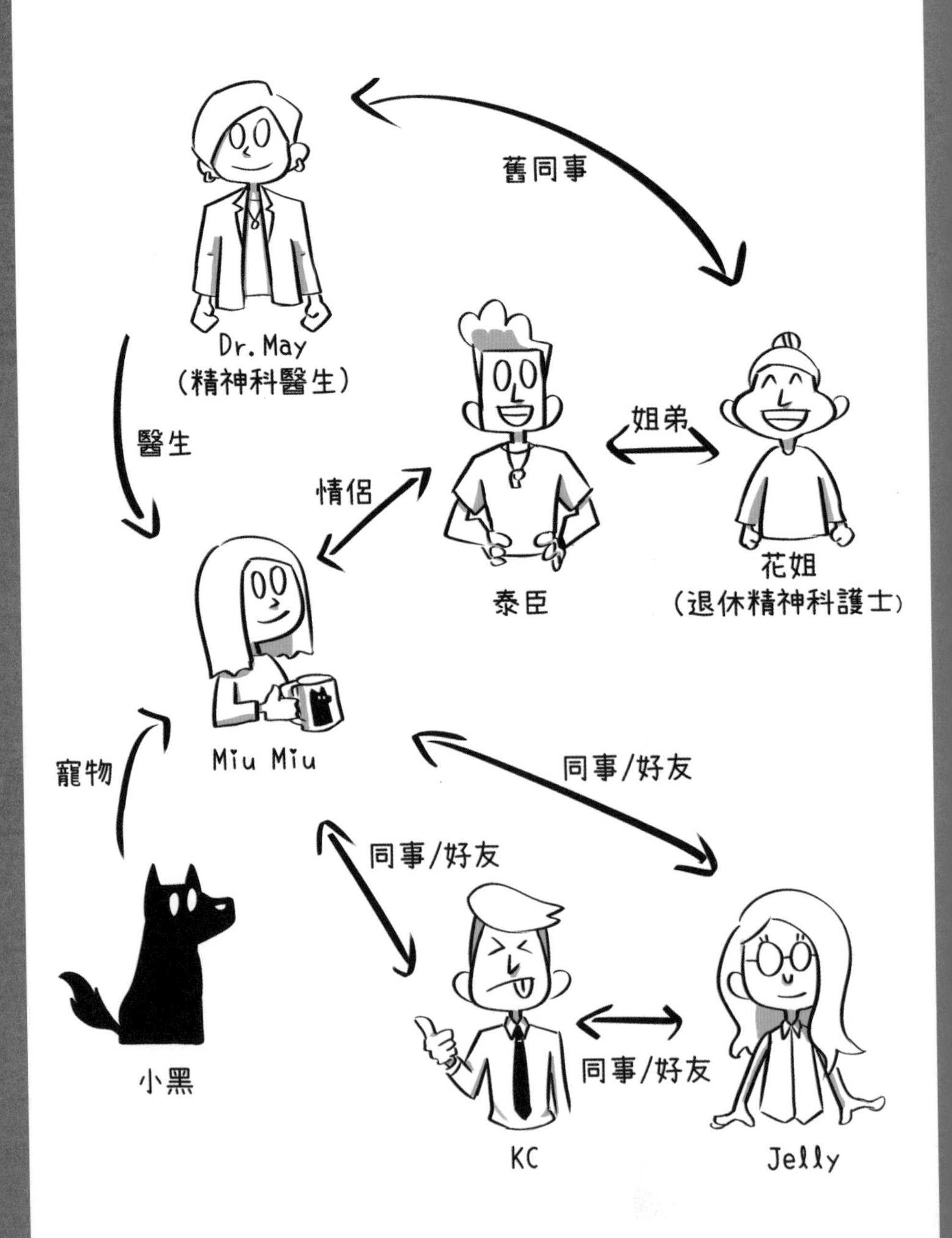

舊同事
Dr. May
(精神科醫生)
醫生
姐弟
情侶
泰臣
花姐
(退休精神科護士)
寵物
Miu Miu
同事/好友
同事/好友
小黑
同事/好友
KC
Jelly

第一章

Miu Miu 的個案

（典型的例子）

第1節 開場白

1 Miu Miu 怎麼了？

我是Mui Miu，30歲了，在媽媽眼中是「剩女」一名也。我有一個穩定的男朋友，他叫泰臣，是一名健身教練。我跟媽媽一起住，關係不算差，她很照顧我的起居飲食，但我不想跟她說心事，因為她一開口就催我結婚，很惱人！其實我也想和泰臣組織小家庭，但一來我還不想要小孩，二來我和泰臣暫時未有足夠能力置業。

每日早晨，很多打工仔都一定覺得睡不夠，不願意起床吧。以前我也是這樣子的，但近這兩三個月，不太一樣：我不願意起床，但不是睡不醒，實際上我在鬧鐘響之前就醒了……

我在一間物業管理公司工作，已經四年，屬於中級管理人員。工作表現雖不算太突出，總算是中規中矩。不過近日我很害怕上班，尤其要面對外籍人士，最怕跟他們一起開會，只想盡量迴避。我聽不懂他們說甚麼，也不能適時回應。此外，面對上司，跟別的部門開會，處理用戶查詢等，我都感到吃力，害怕出錯。

我從沒有得過甚麼大病。但是最近我卻覺得自己的身體有些不對勁……

Miu Miu 的獨白

昏昏沉沉的，感覺沒有力氣。
大概是三個月前開始的吧！不知怎麼搞的，就有這樣的感覺。

面對母親給我預備可口的早餐，就是吃不下，基本上是沒有食慾。我現在只是勉為其難的「為吃而吃」。

每天早上上班，也是件痛苦的事。原本只是幾個地鐵車站的路程，現在覺得夾在人群中好像度日如年。

唉，總算是到了公司。

Miu Miu 樣子好殘喎！最近你為甚麼沒精打采？

精神狀態欠佳，工作老是拖拖拉拉，像拉牛上樹一樣。即使是簡單的事情，也覺得茫無頭緒。要是從前，不管是甚麼事情，都能快手快腳地完成。我曾被老闆同事認為「好打得」的。

在辦公室

Jelly，你是 Miu Miu 的老友，她最近怎麼了？
KC

最近我也沒有聽 Miu Miu 說起有甚麼事。

其實連自己也不明白為甚麼會這樣。不知為何心煩意亂，甚麼高興啊、快樂啊，好像變得遲鈍。一直情緒低落……

今天 Happy Hour 我請客，為 Miu Miu 打打氣！
那麼我就是 Miu Miu 的啦啦隊！

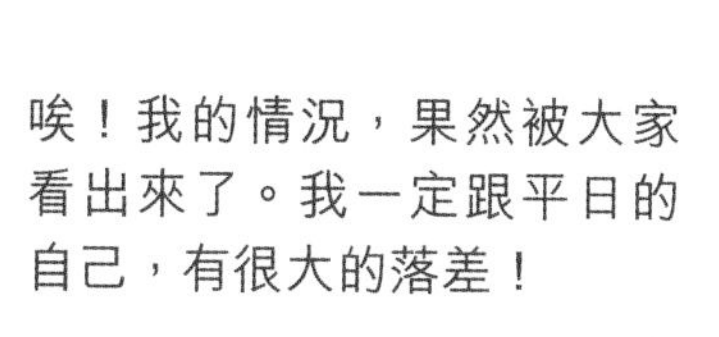

唉！我的情況，果然被大家看出來了。我一定跟平日的自己，有很大的落差！

在餐廳

為了不掃好朋友的興，我免為其難地與他們去了餐廳。

今天要多吃點好吃的，大家一起熱
鬧熱鬧，你的心情就會好起來！

過去我並不討厭這樣熱鬧的場合，但是今天我有一種脫離大家的感覺：你們進不去我的世界，我也融入不到你們的世界。

你面色蒼白，沒有事吧？

我有種抑鬱的感覺。

Miu Miu 不舒服，我陪她先回家。

Miu Miu 你可能積勞成疾。回去
好好休息休息吧！讓我給你錄
些積極向上的歌曲。

回家後

終於回到家，鬆了一口氣。
不過即使在家，也感到很
難受，甚麼事也不想做。
小黑

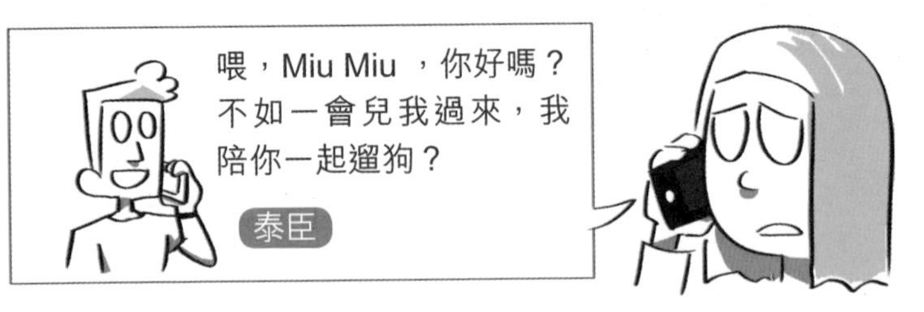

喂，Miu Miu ，你好嗎？
不如一會兒我過來，我
陪你一起遛狗？
泰臣

這段時間，泰臣也知道我不妥，時常鼓勵我健身！不過我不喜愛運動，尤其是現在這個狀態，連泰臣我也不想見！

他總是像一個大孩子似的，我越來越覺得跟他格格不入，這好像不是他的問題！

這是為甚麼呢？我總覺得自己非常糟糕，心裏覺得説不清楚的不舒服。我好像做不回自己。我曾是那麼愛那沒有甚麼機心的「大男孩」！

這不是灰塵，眼淚終於掉了下來！

② 抑鬱症常見的症狀

Dr. May 時間

當一個人患上抑鬱症，不單單是情緒低落，抑鬱的心情會長時間持續。抑鬱症除了造成情緒的改變，還有很多其他的表現形式：有時患者會因為精力減退，做甚麼都沒有了動力和慾望，變得慵懶。有時候也會出現很強的焦慮感，不合理的自責感。有些人還會出現長時間持續的煩躁，和揮之不去的悲觀思想和情緒。

3 情緒持續不正常

Dr. May 繼續説：

在正常情況下，人的心情會不間斷地根據當時不同的情況處境而變化。可是如果患上了抑鬱症，這種本來應該有的變化就消失了，悲觀情緒始終擺脱不掉，這樣一來，不管是抑鬱的心情，還是虛無感，都使患者與曾經適應了的事物有了陌生感、疏離感，變成難以忍受、痛苦的負擔。

好像終於有人把話説到自己心上去。

由於抑鬱症引起的不正常情緒，將對人的思維和生活產生重大影響。

Dr. May 繼續説：

情緒的變化還有其他身體的原因，關於這方面我們會在後面的章節簡述。

我真是抑鬱了……起碼好像知道自己發生了甚麼事，抑鬱症可能就是這樣子吧！

第 2 節

接受診斷

1 到醫生處接受治療

我想我是得到抑鬱症了，
接下來我應該怎麼辦？

我相信我的情況，只能找泰臣的姐姐去商量，她是退休護士，名叫花姐。我跟花姐不太熟，但花姐為人和善，樂於助人。我把懷疑自己患抑鬱症的事情告訴她。

我覺得你患上抑鬱症的機會很大，
讓我介紹一位精神科醫生給你檢查
和評估一下吧！
花姐

就這樣，我約了一位私家精神科醫生看病，好希望能從目前的狀況中走出來。

根據花姐說，在香港，有屬於公立醫療系統的精神科專科診所，到那裏看醫生，需要其他科醫生轉介。除了公營系統外，也有私家精神科醫生和社區的普通科醫生。

私家精神科醫生多屬於門診服務，在私營醫療系統，能提供住院治療的床位很有限。若是很嚴重需要住院的個案，很多時候，就是名高官的孩子，都需要進入公營的精神科醫院去。看私家醫生的好處是較為有彈性，病人可以選擇自己的醫生，病人感到的私隱保障也較高，當然收費也比公營服務較為昂貴。

Miu Miu 自述：我的切身經歷

我以前曾去過眼科、牙科，不過這次還真是有點緊張，去看精神科醫生究竟是怎麼的一回事？

你好，我是
預約過的
Miu Miu ！

請把個人資料填寫一下，
跟着把問卷也填一下，只
要把能填的部份都填好，
就可以了。

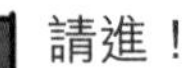

房子裏很安靜，有些簡單的桌椅，桌子上有一部電腦。醫生沒有穿醫生袍，看上去態度親切，她面上的笑容令我緊繃的神經放鬆了一點。

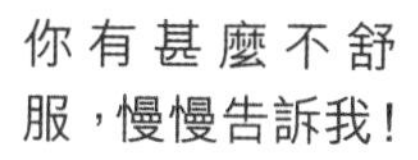

大概自從年初開始的吧，情緒非常低落。感覺自己沒有力氣……食慾也不好，早晨起床時，感覺好像沒有睡過覺一樣疲倦……

我覺得精神科的診斷，主要是圍繞問診而進行的。差不多一個小時後……

聽了你的回答，從症狀上看，你應該是患上了抑鬱症。

噢，果然是這樣！我雖然感到有些接受不來，但情況已經非常清楚，所以我反而有點如釋重負的感覺。

說實話，我的心情還是挺矛盾複雜的。

2 抑鬱症的診斷標準

Dr. May 時間

DSM 診斷標準

目前在精神醫學的臨床診斷上，是依照一種在國際上被廣泛採用的 DSM 標準來診斷抑鬱症。這 DSM 標準，是美國精神醫學專家為診斷精神疾病而創立的，對於各種精神疾病的診斷，都設定了相應的標準。特別的是，這些標準並沒有包括甚麼化驗、顯影等檢查指數，它主要是依據患病者本人的感受，以及周圍人們注意到的現象來制定的。

DSM 是甚麼？

為便於對精神疾病進行分類和統計，美國精神醫學學會在 1952 年出版了《精神疾病診斷與統計手冊》（*The Diagnostic and Statistical Manual of Mental Disorders, DSM*），是目前在美國等多個國家於診斷精神疾病時最常用的標準參考。此手冊其後經歷過幾次修訂，最近一次是在 2013 年的第五版（DSM-V）。

首先我們來看看抑鬱症的診斷標準，我們可以舉出以下一些症狀：

抑鬱症的 DSM-V 診斷標準

（1）在連續兩週的時間裏，病人表現出下列九個症狀中的五個以上。這些症狀必須是病人以前沒有的。**並且至少包括核心症狀其中的一個**。

核心症狀：

a. 每天的大部份時間心情抑鬱，病人感到情緒低落，或者是通過旁人的觀察，如無精打采、暗自哭泣等。（注意：在兒童和青少年中，抑鬱可以表現為易激怒，而不是明顯的心情低落。）

b. 每天大部份時間，對大多數平時感興趣的活動，失去了興趣。病人有時會表達這情況，有時是通過旁人的觀察。

其他症狀：

c. 體重顯著減少或增加（正常體重的 5%），食慾顯著降低或增加。（注意：在兒童中，這些體重的變化，反映在體重停止正常地增加。）

d. 每天失眠或者睡眠過多。

e. 每天精神運動亢進或遲滯（當事人的主觀感覺、和旁人客觀察覺到的坐立不安、或者不想動）。

f. 每天感到疲勞，缺乏精力。

g. 每天感到自己沒有價值，或充滿過份的自責、罪咎感（這些可以以妄想和幻覺出現：如聽到有聲音質疑自己、責怪自己）。

h. 注意力、集中力和思考能力下降，做決定時猶豫不決（當事人的自我感覺、或是旁人的觀察）。

i. 常常想到死。當事人或許只有自殺的念頭，但沒有具體的計劃，或者是有自殺的具體計劃，甚至有自殺行為。

除了以上九點，還有以下要各點注意！

（2）排除雙相躁鬱。（雙相躁鬱的診斷標準，請參見介紹躁鬱症的章節）

（3）上述症狀對病人的生活、工作、家庭或其他重要方面造成嚴重影響。

（4）上述症狀不是由於受到藥物的影響（例如濫藥，酗酒）或者是因為身體疾病所引起（例如：甲狀腺分泌降低、貧血等）。

（5）上述症狀不能僅僅因為由於喪失親友而引起。如果有喪失親友的事件誘發，那麼上述症狀必須在喪親發生後的兩個月後仍存在，而且對於日常生活和工作有顯著影響。此外若在哀悼過程中出現病態的自責和罪咎感、自殺念頭，妄想幻覺等症狀，或有精神運動遲滯，就有機會患上抑鬱症。

Dr. May 繼續說：

如果出現上述五個或以上的症狀，就有可能是患上抑鬱症。

根據 Miu Miu 你的講述及我的問診結果，我認為你出現了上述 a、b、c、d、g、h 項的症狀。我感到這些跟你平常的個性，存在很大差別。此外你的症狀已經維持了起碼一個月，影響日常生活和工作。你也沒有濫藥、酗酒和身體疾病。我診斷你患上了抑鬱症。

Dr. May 的忠告：

根據 DSM 的診斷標準，網上有不少抑鬱症的自我診斷量表，但這些健康問卷只能令你大約知道自己目前所處的精神狀態，卻不能作為抑鬱症的診斷標準，當事人更不能由此自行斷症，抑鬱症是需要醫生臨床診斷的。

舉例說，某人感到情緒低落，這不一定是由抑鬱症引起，心情低落也可以由躁鬱症、焦慮症或其他身體和環境因素導致。

這就像你不能診斷自己是否得了肺炎，你只可以根據一些身體不舒服的徵狀而去求醫。至於確診是否患上肺炎，還是需要醫生的專業檢查判斷。

唉！原來自己不知
不覺患上抑鬱症。

Dr. May 時間

僅僅根據症狀進行診斷的理由

一般來説，出現病症一定有其發病的原因，例如因為病毒、細菌或是因為體內器官發生病變而引致疾病。查出發病的原因正是醫生治病的根本。這好像中世紀時的「黑死病」，和 19 世紀發生在亞洲的淋巴腺鼠疫一樣，皆由一種稱為鼠疫桿菌（Yersinia pestis） 的細菌所造成。這些細菌是寄生於跳蚤身上，並藉由黑鼠等動物來傳播。發現這個病因，就把黑死病的病源殲滅。

那麼，為甚麼精神醫學與其他醫學領域不同，診斷和治療並不聚焦在探求發病的背後原因，反而對症狀進行觀察，就判定病症呢？

原來以前精神科醫生也曾對發病的原因進行調查，認為多數精神疾病是由於「心因的反應」。（小參考 1）正如有些人因為受到精神上很大的打擊，經歷到很大的災害，而患上了創傷後壓力後遺症、抑鬱症等。當然人可以因為受到災害、創傷打擊而患上抑鬱症。然而也有經歷同樣遭遇的人，卻沒有得到抑鬱症。事實上，許多人生活平平常常，甚至衣食無憂，卻也會患上抑鬱症。

這樣看來，人的心理狀況千差萬別，僅僅從「心因」（比如受到的精神打擊、童年陰影等）的研究，來解釋抑鬱症的「病因」，並將其消除，除了不可能外，也是不足夠去治療抑鬱症的。

小參考 1

弗洛伊德（1856-1939），奧地利人，精神分析的創始人。他認為患者在「潛意識」的狀態下，心理被強烈的慾望刺激騎劫。這時，患者的「心理疾病」就顯現出來了。以前的精神分析理論認為，查明了「心因」就可以治療疾病，但以近代的實證醫學看來，這種方法確是存在好大的不足和漏洞。

確實我們也和 Miu Miu 身處在相似的環境呀！但是我們並沒有得到抑鬱症啊！

Dr. May 繼續說：

從 DSM-III 的出台到 DSM-V

20 世紀 80 年代以後，對精神疾病的研究不再重視探求引起疾病的原因，而是制定了以症狀為中心，對各種精神疾病進行診斷的標準。前文提到的從「心因」入手的研究方法被替代，根據新的標準來診斷，然後進行治療，就成為研究的核心。

事實上，促成新動向的背景是，在 20 世紀 60 年代以後，發明了治療精神疾病的有效藥物，並且闡明了這些藥物的作用原理。

在臨床研究上，無論患者背後的病因有甚麼不同，都可以用藥物進行有效治療，所以單單聚焦在探明原因，也就不再像以前那樣顯得那麼重要了。

小參考 2

1980 年發表的第三版 DSM-III ，進行了較大的修改，對每一種精神疾病都制定了單獨的診斷標準，與對產生原因的探求相比，更重視對病症的分析。此後，對 DSM-III 又進行了修改，使診斷的精準度大大提高。現在被廣泛使用的是 DSM-V 。

吃藥了嗎？

某晚，miu miu 沉醉在夢境中……
你吃藥了嗎？
千萬記得不能自行停藥啊！
要堅持吃足夠的藥！
要吃藥啊！
對啊！
不能擅自停藥
我都知道了！

精神醫學的秘密

有一次，有位中年女士有點困惑地問 Dr. May：

醫生，你說我患上情緒病，除了問我病歷來斷症外，需要進一步做檢查嗎？

一般來說，精神科的各種診斷，是建立在觀察、記錄病歷和病徵上。而 DSM-V 都是根據臨床現象、病徵和統計來鑑定診斷的。

你說抑鬱症病因之一，是大腦血清素分泌不足。這情況可以抽血檢驗嗎？

不能夠！大腦的化學傳遞物質複雜得很：各種傳遞物質微妙地互相影響，還有傳遞物質和相應受體的比例，都影響病人的徵狀，也不能簡單的化驗出來。

那麼，精神科比中醫
還要虛無飄渺了，起
碼，中醫還會替人把
脈看舌頭！

事實上，精神醫學比起其他
醫學，看起來的確沒有那麼
「科學」。

儘管在這些年來，大腦掃描技術一日千里，尤其是功能性核磁共振（FMRI），和正子斷層掃描（PET），使我們對神秘的大腦知道得更多。大腦是人體中最神秘和複雜的器官，進入 21 世紀，腦功能造影技術打開了我們對心智活動的了解，就像當年 X 光的發明令我們看到包在肌肉內的骨骼一樣。

現在，我們知道思覺失調的患者，腦的體積比平常人小，前額葉和海馬體都缺乏活動。強迫症和妥瑞症的背側前額葉、基底核和扣帶迴都有不正常的活動。其他如自閉症、專注力失調、過度活躍症、抑鬱症，甚至厭食症等，都掃描出大腦某些部位有異常活動和功能。當病人服過藥，或進行心理治療後，腦功能造影的結果也就回復正常。

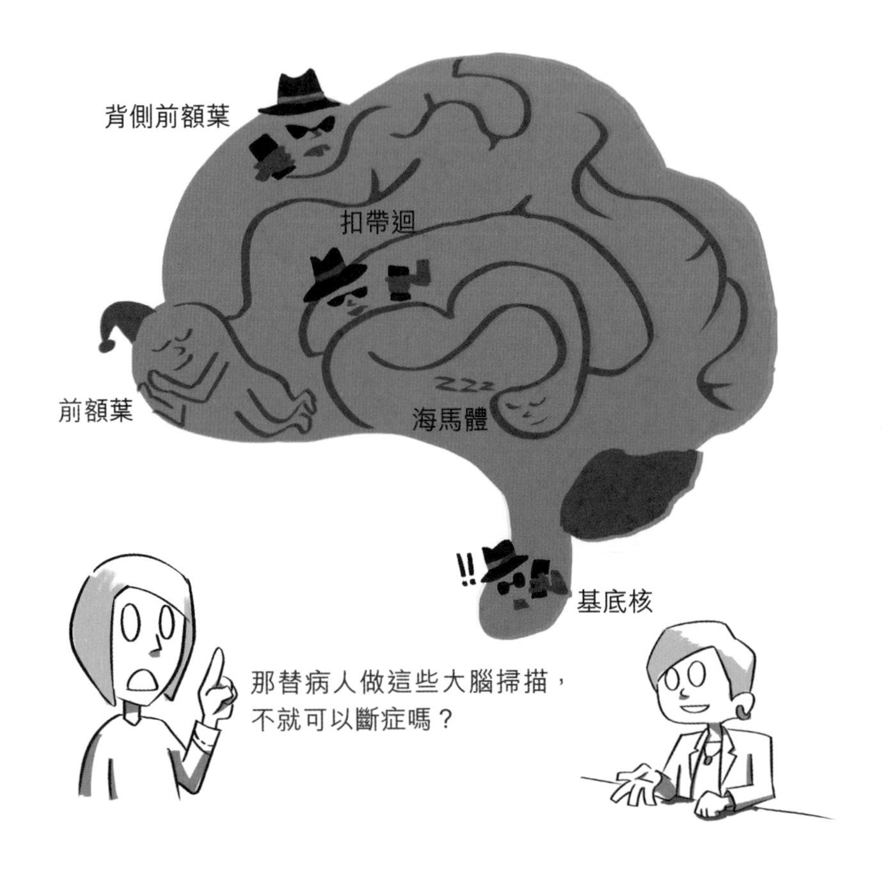

答案是，到目前為止，除了認知障礙，需要用大腦掃描去診斷外；其他的病症，腦部掃描出來的異常，只局限在一組病人跟參照組的比較上，這些統計學上的差異，還未能應用在個人的臨床診斷上。所以到目前為止，臨床的精神醫學，無論診斷和治療，都強調在最原始的「望、聞、問、切」上。精神科尤其強調溝通，所以醫生的面談技巧很重要。不過雖然精神醫學好像看來不夠高科技，但它側重以觀察、溝通和經驗為依歸的訓練，卻令人有意外發現。

Dr. May 說故事

多年前，我在一間大醫院工作，病房收了一個據聞是患上狂躁症的病人。病人年約 30 歲，是一位文職人員，她一向沒有精神病的前科，也沒有家族歷史。入院前，她接二連三地從商店拿走幾瓶香水，沒有付款就離開。

為何說她患上狂躁症？

她被店員和警察拘捕時，表現得滿不在乎，還有點嬉皮笑臉。

這幾個月，她曾在內科醫院住過兩次。

是的，一次是她投訴行路不穩，一次是她投訴突然小便失禁。

不過腦內科醫生檢查過她，還做了腦部的電腦掃描，一切都顯示正常。她的徵狀不久也自然消失。

我看見病人，她表現冷淡、漠不關心，沒有半點狂躁症表現的興奮高漲，或激動暴躁。她究竟有甚麼問題？

最後，我替她做了基本的腦神經檢查，發現她有原始的神經反射，這些反應只出現在嬰兒身上，但完全不可能出現在成年人身上。後來經過核磁共振檢查，病人確定為多發性硬化症，這情況很少在亞洲人身上出現，而她也是我遇上第一個患上此症的病人。

原來最原始的「望、聞、問、切」，跟科技一樣重要！

3 藥理

我的內心其實很抗拒吃藥。

醫生，可以有甚麼治療方法？
是這樣的，你的抑鬱症屬於中度，已經影響你睡覺、食慾、日常生活。我認為在這階段看來，最有效的方法，是服用可以改善症狀的藥物。

藥？精神科的藥？我吃了會起甚麼作用呢？為甚麼吃了藥就能改善心情呢？這是甚麼原理呢？我需要更詳細的解釋！

Dr. May 時間

讓我說說腦袋的醫學吧！

在說藥物的話題之前，我們先來談談大腦的構造。

首先，抑鬱症不是出於大腦器質性的病變引起的，而是由於大腦內部的神經傳遞物質失去了平衡而造成的。

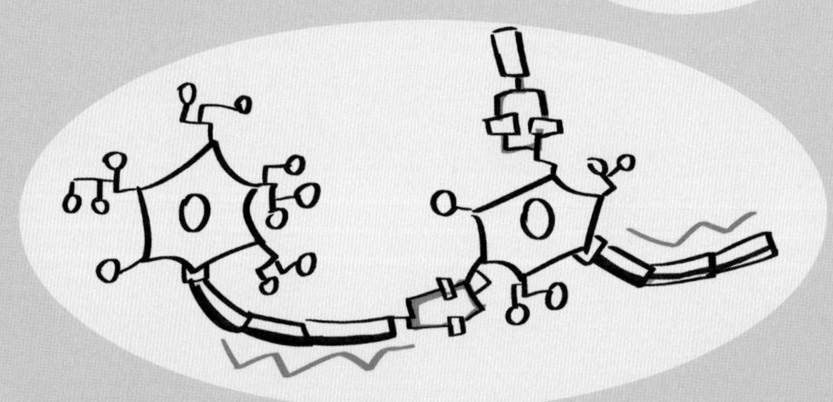

我們的大腦內部有 1,000 億個以上的神經細胞存在。這些細胞縱橫複雜地結成了一個網絡，由腦袋和脊椎中央遍佈人體的各部份，來回輸送數目驚人的信息。

信息是通過極其微弱的電信號在神經細胞傳送，但是由於神經細胞與神經細胞之間，有極其細小的間隙，所以電信號無法傳遞。

在突觸間隙有一種物質，被稱為化學傳遞物質，它們在神經細胞的間隙裏移動。也就是說，具有電性質的信號轉變成了由這些以化學物質為載體的信號。這些漂移在突觸間隙裏，傳遞信號的神經傳遞物質當中，有促進人的情感、情緒、思維變化的物質。

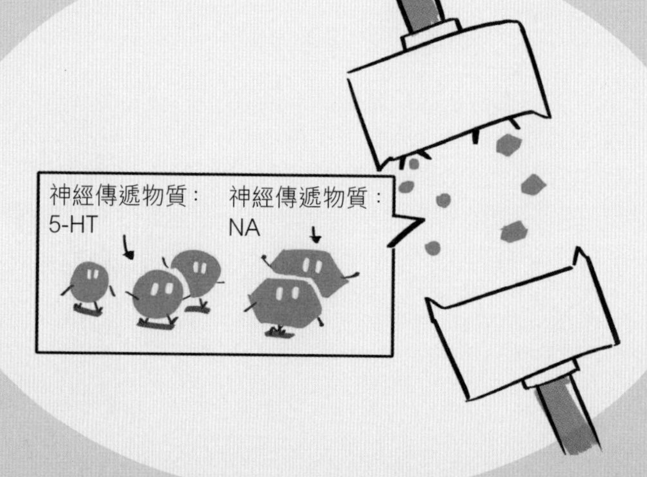

情緒？思維？那麼我現在的這種情緒思維，也是因為神經傳遞物質的原因造成了。

產生抑鬱症的原因，原來是和這種物質有關啊！真是不可思議！

沒錯！ 5-HT，去甲腎上腺素 NA，這類神經傳遞物質有使人感到心情平靜，增加快樂的作用。這樣說來，如果缺失了這種傳遞物質，就會失去平穩感、快樂感和活力感，這些正是抑鬱症的症狀呢！

Miu Miu 的頓悟

我一直覺得自己的身體裏缺乏點甚麼。骨膠原？維他命？內分泌失調？都不是最重要的，原來我腦神經的 5HT 和 NA 不足，才是根本原因！

這樣想來，只要補充原本不足的 5HT 和 NA，不就好了麼？

Dr. May 時間

對抑鬱症進行藥物治療的目標正在於此。但是由於種種原因，目前如何把 5HT 和 NA 快速有效地向大腦深層輸送，還是一項挑戰。所以研究人員採取一個迂迴的辦法，就是使用一種叫做 SSRI 或是 SNRI 的藥，它們具有在抑制回收的功能。

得了抑鬱症的人，並不是一點 5HT 和 NA 都不能產生，只是不足夠。而且，神經傳遞物質與神經細胞受體的結合，本來也不存在百分之百的命中率。

有一部份的 5HT 和 NA，與受體不能結合，在突觸間隙裏漂移，很快被釋放它的神經細胞小胞體再回收了！

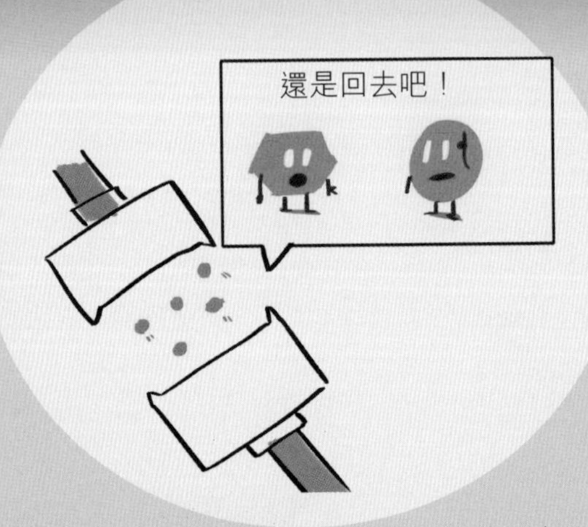

要減少抑鬱症患者的 5HT 和 NA 損失，就要最大限度地提高它與受體的結合率。我們所使用的，就是剛剛提到的、有再抑制回收作用的 SSRI 和 SNRI。他們阻止 5HT 和 NA 被神經細胞內部再吸收，不能返回的 5HT 和 NA 在沒有辦法的情況下，以受體為目標，一而再、再而三地漂游在突觸間隙裏，使得結合率大幅度上升了！

這樣一來，即使 5HT 和 NA 的量少，也會沒有損失地被吸收，使其與正常情況接近了！

受體是一種由不同神經傳遞物質種類而決定的，像特定的接納窗口一樣的物質。

呀，要是這樣的話，只有在服用了 SSRI 和 SNRI 時才會正常，那豈不是我要終身服藥了？

放心，沒問題的。服用 SSRI 或 SNRI 之後，如果有充份休息，足夠運動，改變導致抑鬱的思維模式，減低壓力源，提高抗壓力……身體的狀況就會全面改善，漸漸地，通過自己的力量就可以恢復釋放 5HT 和 NA 的機能！

打個比方，這種藥就像骨折時，用來固定骨骼的石膏一樣。

除了處方抗鬱藥外，患上抑鬱症，身體的能量和心理的承受力會減弱，因此一定要好好休息，因為你的睡眠狀況不好，所以我也同時給你開些能夠安眠的藥。

要盡可能的休息！感覺輕鬆了，終於有希望！

第 3 節 治療：不要着急，慢慢來！

1 關於治療恢復

Miu Miu 放假在家休息

Miu Miu ，我要到你家陪陪你嗎？

你可以上來的，不過我沒有甚麼精神打扮！

不打緊的，我來看看你，跟你聊聊天……

基本上，在家只會躺着，整天只穿睡衣！

你可不可以幫我一個忙，替我向公司請假，醫生説我要休養一段時間，看來年假都得用上了！

花姐説你起碼要休息一個月！過些時候，花姐都想探望你！

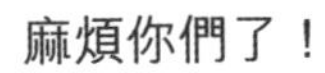

麻煩你們了！

2 休養的必要性

聽說 Miu Miu 要休息一段時間。是不是說因為我說了甚麼不該說的話，刺激了她，令她得到情緒病？

不大可能吧，你也想得太多！就算是也已經過去了，我們還是看看怎樣令 Miu Miu 早些康復，有甚麼能幫得上忙！

Miu Miu 的感受

藥是吃了，但是覺得沒有甚麼明顯改善。但也許是因為得到了休息，不用上班，所以有一點輕鬆的感覺。起碼睡覺是比較好了！

你不要太心急，SSRI 或 SNRI
的療效不是立刻就能顯出來的。
往往需要二至四週的時間。

說實話，吃藥後的反應和我想像的不一樣。不過我還是先好好休息。

在這段時間，儘可能把工作和責任放下。
若是真的睡不着，可以暫時服用安眠藥。

此外，如果抑鬱症患者有強烈的焦慮感，還可以用抗焦慮藥，例如鎮靜劑。這類藥物對抑制焦慮情緒很有效，也比 SSRI 見效快。不過長期服用，就會產生對藥物的依賴性。

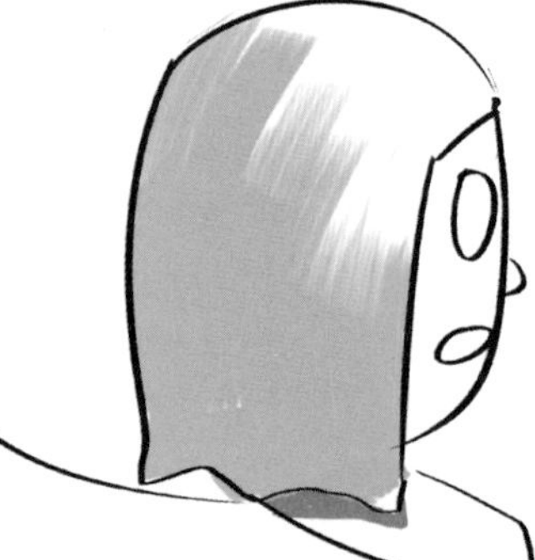

3 藥物作用的表現方式

在辦公室

第一個星期每天服三片藥，第二個星期也是三片藥，但劑量不同，屈指一算，這已經是第 20 天了。

怎麼回事呢？今天覺得天氣很好，我約了泰臣一起遛狗。陽光照下來令人好舒服啊！好久沒有這感覺了。

今天就慢慢地一邊遛狗，一邊散步吧！
外面的景致看起來很不錯！

Miu Miu 你臉色看來好了些，多了
笑容，多了說話。

我感到自己的情緒，開始有些
變化的徵兆⋯⋯覺得心情開朗
了！

Dr. May 時間

抗抑鬱藥一旦發揮了作用，的確可以維持療效。然而，如果覺得有所改善，就減少服用的劑量，或是不再繼續服用，那是很危險的。不管怎麼樣，短期來説，都是因為藥物起了作用，情緒才得以改善，腦部的神經傳遞物質還未真正得到徹底的調節，所以一旦停止用藥就會很快回到老樣子。

最初的一個月，因為我要看 Miu Miu 吃了藥後的反應，她是每星期見我一次的。

四週之後：Miu Miu 覆診的時間到了！

今次你看上去面色很不錯啊，睡眠狀況怎麼樣？

剛剛開始還使用一段時間安眠藥，現在的睡眠狀況好多了。我已經停止使用安眠藥！

安眠藥不可以長期吃，但堅持服用抗鬱藥是很重要的，有人一旦覺得症狀減輕就停止服藥，這對病情有壞影響。

我知道了，你重複說了很多次了！

在辦公室

這樣子，不經不覺過了兩個月。我終於可以回復正常生活，我上班了。

歡迎你回歸我們的大家庭！若你遇
到甚麼困難，要開心見誠地說出來！

恢復工作是要謹慎小心，一邊觀
察身體的狀況，一邊
進行階段性的恢復，
不要一下子工作
負擔過重。

其實我自己也有自知之明，
我心裏面也害怕一下子要全
速地回復之前的工作。

我會告訴自己工作時間不能
太長，每天要早些回家。

Miu Miu ：從最初開始看病的半年後

Oo
可是，醫生
對我說，藥的
劑量雖然減少
了，但還要繼續
服用啊！

我看上去好了很多，是不是已經沒有任何問題，可以過正常的生活？基本上，我現在已經可以和大家一起工作、一起拼搏了。我想是時候可以停藥吧！

說實話，一直要吃藥，令我感到自己還是一個病人。

12
9
3
6

又到午飯時間了！

KC、Jelly，不如今次我們試試新開那間餐廳，我要請你們吃飯，多謝你們一直以來的關懷。

那就恭敬不如從命了！

不僅僅是變得有精力了，我覺得自己的心態和感覺也恢復了原來的樣子，Miu Miu 真的回來了！

話又說回來，如果能維持這樣子，就是要吃藥，也沒有甚麼大不了，我的生活能重拾正軌，若果要執着一種想法，而令自己的精神健康受到影響，那就太不值了！

4 回顧 Miu Miu 的病例

Dr. May 時間

到目前為止，我們已經看到患有抑鬱症的典型病例。作為總結，讓我們扼要地回顧一下 Miu Miu 發病時的情況、症狀和康復的過程。

抑鬱症並不是一覺醒來突然發作的疾病，而是隨着大腦內部神經傳遞物質功能的平衡失調越來越嚴重，而表現出明顯的症狀。症狀變明顯的過程裏，也會有些少的波動，有時會感到自己有些恢復了，但是總體來看，會出現情緒低落等症狀，精神身體的異常變化也越來越強烈。

因為抑鬱症是一種發展緩慢的病症，所以很多人在發病初期，強忍着情緒和身體的不適。在勉強自己去應付工作和家庭的過程中，病情會進一步惡化，形成一種惡性循環……

事實上，抑鬱症很多時是漸進方式「蠶食」患者的，所以患者往往「適應」了這種狀態，而不易察覺自己不妥，甚至還為自己的改變自責！這時候，身邊的家人和朋友就起了提醒和鼓勵的作用！花姐就曾給了很好的意見給 Miu Miu。

一些細微變化的出現，可能要追溯到更早，雖然自己覺得不太對勁，但還是一直堅持工作，當時實在太辛苦了！

Miu Miu 在進行治療的頭一個月裏，一邊進行治療，一邊進行休養。這個階段，可以稱為「集中治療期」。

之後的三個月，Miu Miu 一邊治療，一邊逐漸恢復工作，這是集中治療期以後的階段，是對治療成果的檢驗，這個過程是一個「磨合鞏固期」。

有時候這個時期會更長；另外，藥物的服用量雖然可以減少，但是還要繼續。從這點上看，對抑鬱症的治療，確實要有打持久戰的心理準備。但是充份地對治療成果進行檢驗、磨合和鞏固，是可以防止抑鬱症的復發，以長期來看是非常有好處的。

TVA
如何面對抑鬱症？

第二章
了解抑鬱症症狀

第 1 節

從 DSM-V 的診斷標準開始

在第一章，我們以 Miu Miu 小姐為例，講述了有關典型抑鬱症的知識，其中簡單地介紹了如何按照 DSM-V 標準來診斷抑鬱症，現在我們按照 DSM-V 的診斷標準，更詳細地講解一下抑鬱症的症狀。

乍看你也許覺得這個診斷標準很詳盡卻很複雜，不過有了它，便可基本明白診斷抑鬱症的具體方法。

對照診斷標準，一個人如果有五項或以上都吻合的話，那麼就很有可能患上抑鬱症了。診斷標準所記述的症狀有時是由患者本人敍述，有時是周圍的人感受到的。但是與診斷標準是不是吻合，最終還是需要專業醫生來判斷，並非單憑個人臆測的。

1 DSM-V 症狀 1：抑鬱的情緒

一天到晚總是抑鬱
——通過患者本人的表述或周圍人的觀察來判斷

抑鬱症的主要症狀就是情緒處於抑鬱狀態。雖然被稱為抑鬱，但不是抑制憂鬱的意思，而是應該解釋為被抑鬱的情緒所控制。

事實上情緒低落是人們形容抑鬱症症狀的常用詞。苦悶的情緒變得強烈，由悲傷、空虛感帶來的消沉情緒持續不散。此外，會有表情缺乏變化、愛哭、或是表現出很痛苦的樣子等等症狀，有時身邊的人也會注意到患者本人的這些變化。

當然誰都會有感到鬱悶的時候，可是如果每天都持續在這種狀態中，就有可能已經超出正常範圍。

不過即使終日都感到鬱悶，每天下午到傍晚的時候，有些患者也會覺得症狀減輕了，這種現象被稱為「晝重夜輕」。

2 DSM-V 症狀 2：興趣及快樂的感受減退

每天基本上對甚麼活動都不感興趣，快樂感明顯減退

喪失了對事物的興趣和好奇心，基本上感覺不到有甚麼值得高興和幸福的事情。雖然在程度上有所差別，但患上抑鬱症後總是會出現這樣的症狀。是否有這樣的症狀，是區分是否真正患上抑鬱症的關鍵所在。

事實上，一般人如果出現了鬱悶的情緒，即使是在工作或是在學校的時候，覺得很難受，也還是會熱衷於他所感興趣的事情。如果遇到了高興的事，就會心情舒暢，情緒會發生變化。

如果得了抑鬱症，精神上的能量就會枯

竭，從而導致對一直喜愛的事情和愛好都失去了興趣，甚至沒有反應。

所以，即使是容易鬱悶的人，只要還有甚麼可以讓他充滿熱情和動力的，他就不是真正的患上抑鬱症。

3 DSM-V 症狀 3：食慾和體重的增減

沒有減肥或增肥，體重卻明顯地減少或增加

比如一個月內體重發生異常的變化，或者是幾乎每天食慾都有所下降或增加。

大多數抑鬱症患者都會有食慾下降的情況，不再有想吃甚麼東西的念頭。

有些抑鬱症患者還會有暴飲暴食的傾向而引致體重增加的表現。體重的增加雖然有由於缺乏運動等不同的原因，但作為抑鬱症的典型症狀需要特別注意。

4 DSM-V 症狀 4：睡眠狀況的異常

幾乎每天都會失眠或嗜睡

患上抑鬱症時睡眠就會出現問題。輕者即使是入睡沒有問題，也會在凌晨三四點醒過來，然後就迷迷糊糊的，怎麼也睡不着（晨醒）。由於睡眠不足，又使得症狀進一步惡化，

相反，出現極端的嗜睡現象。這並不是能產生活力的、使人醒神的睡眠，而是由於精力的枯竭導致醒不過來。

5 DSM-V 症狀 5：精神運動性的焦躁和遲滯

幾乎每天都表現出精神運動性焦躁或是遲滯的症狀（不僅僅是患者本人感到坐立不安，或是動作呆滯遲緩，而且已經到了身邊的人也注意到了的程度）

患上抑鬱症會表現出焦躁或行為遲滯的症狀。説起焦躁，好像有些與抑鬱症表現出來的情緒消沉對不上號。但是確有抑鬱症患者有時會表現出焦躁的情緒。

患者總是不停地説話，不能夠安靜下來，乍看像是過度活躍，但又不是那種明快開朗的感覺，總是用很固執的口吻説話，坐立不安，常常面無表情、煩躁地走來走去。

相反，精神運動性遲緩的症狀，表現為所有動作都變得緩慢：説話減少、思維也變得遲緩。極端的時候與別人的攀談也是無言以對，甚至連飯都不想吃。上述的這些症狀被稱為精神運動性遲滯。

像這樣的遲滯狀態，怎樣看都是抑鬱症的症狀。由於焦躁所引起的總是不停的説話，過度活躍等等，往往容易被大家忽視，所以要格外注意。

6 DSM-V 症狀 6：疲倦、沒有氣力

幾乎每天感到疲倦、沒有氣力

有許多患者訴説，即使是自己都覺得自己太頹喪了，再不做點甚麼是不行的，但是身體就是沒有力氣動起來，覺得疲憊不堪！令到日常生活出現了障礙，即簡單如早上洗面、穿衣服，都讓人覺得身心俱疲。

這樣的情況，容易被誤診為是由於身體其他器官的原因引起的不適，而作出過多不必要的檢查。此外，有些人會誤解患者是頹廢，是「廢青」、「懶人」而加以責備，這兩種態度都是對病者沒有半點好處的。

7 DSM-V 症狀 7：價值感喪失、有罪咎感

總是覺得自己沒有甚麼價值，有不必要且毫無原因的罪咎感（有時會有妄想症狀出現）

患者往往只是一味地怪責自己，而沒有意識到這些心態是患病造成的。

這是一種表現在「思考層面」的抑鬱症，對自己的評價貶低，認為自己做甚麼都不行，即使是對那些與自己無關的事，也認為都是自己的過錯而責備自己。

8 DSM-V 症狀 8：思考能力及精神集中力下降

思考能力和精神集中力幾乎每天都在減退，決斷力在下降
——通過患者本人的表述或周圍人的觀察來判斷

思考能力和精神集中力的降低，使患者生活上出現了障礙。患者不能夠閱讀，即使讀了腦袋也留不下甚麼印象，決定的能力也變得遲鈍了。有時一些高齡者由於注意力下降而引起健忘，還會被誤會為患上了認知障礙。

9 DSM-V 症狀 9：自殺的念頭

患者總是反反覆覆不停地考慮死亡，對死亡並不感到恐懼

患者可能出現「如果自己死了，就解脫輕鬆了」的想法，病情嚴重者更有自殺的企圖或實踐計劃。

患了抑鬱症的人對自殺的心理描繪，常常會表現為反覆出現的自殺念頭。當然即使是健康的人，在非常消沉的時候，也會有想到自殺的時候，但是這種消極的意念大多數情況下只是假想，當事人只是對自己的存在價值提出質疑，與真正實踐還是有距離的。

不過對抑鬱症患者而言，這種因為想要從抑鬱的痛苦心情中解脫，而產生的「自我消失」或者「如果自己不在了，對社會和家庭都會有好處」的想法，會反反覆覆不停地出現，而且最終付諸實踐的可能性，還是很高的。

所以，不只有癌症、心臟病會奪命，患上抑鬱症也會死人的！

在抑鬱症的重病急性期，由於連自殺的力氣都沒有，實施自殺的反而少見；大部份都是發生在體力有所增強的恢復期，患者不時會因一點點症狀的反覆而產生悲觀情緒，因此而自殺的例子，則很多見，對此我們不得不多加留意。

第 2 節
抑鬱症的其他表現

1 抑鬱的症狀在一天之內的變化

抑鬱症的發現常常是比較晚的，主要原因就是抑鬱症經常有在一天之內變化的特性。經常的情況是在上午的時候，還不能控制情緒，下午開始就覺得一點點地好了起來，到了晚上甚至覺得完全好了。可是到了第二天早晨，情緒再次惡化。抑鬱症的症狀在一天之內的變化，有時會被當成是身體恢復的現象，被視為沒有患上抑鬱症的證據，因而不能及時治療，所以要特別留意。

2 冬季的抑鬱症：抑鬱症的季節性

原則上不管甚麼季節，抑鬱症都會發病。但是我們也知道有些患者都在秋冬季發病，到春天時會感到心情輕鬆愉快。情緒按照季節的變化節奏而改變：冬季的時候開始發病，到了春天心情舒暢的理由，至今還未完全清楚，這可能與日照時間長短有關，而抑鬱症的症狀也隨自然環境而變化。

這種季節性的情緒病，在一個季節明顯的地方，如北美、北歐、亞洲北部，澳洲南部和南美等地區，尤為明顯。在北歐，約有一成人有季節性的情緒病。

3 不同年齡段的抑鬱症特徵

抑鬱症的發病，有兩個高峰，一個是三十多歲，另一個是五十歲前後。可是隨着社會年齡老化，現時發現有很多高齡長者也患上了抑鬱症。此外，兒童期抑鬱症的存在也得到了確認，所以説，不論甚麼年齡段，抑鬱症都在蔓延，這是越來越明顯的事實。

抑鬱症的症狀，按照年齡段的不同，表現出如下一些特徵。其中某些部份跟典型的表現不太吻合，這裏列舉其表現形式。

兒童期、青少年期

不能準確地表達出抑鬱的心情，症狀主要表現為行動受到抑制、不活躍，或表現為焦躁、行為問題、學業成績下滑，經常處於精神恍惚的狀態。

中、高年期

多表現為焦慮、焦躁感強烈。

4 身體症狀明顯的抑鬱症

抑鬱症的主要症狀就是情緒的異常，一般來説這是一個漸變的過程。然而在發病的初期，與精神上的症狀相比，其他如身體方面的症狀，如不明疼痛、怠倦等，身體不適但找不到病因，身體症狀比精神症狀較為明顯，因而患者不被認為是得到抑鬱症，因而拖延了診治。

這就好像是抑鬱症「偽裝」成其他病徵，我們稱這種現象為「偽裝的抑鬱症」，因抑鬱症可以有不同「面具」，所以千萬別忽視了它的多面性。

5 產前抑鬱症

可能跟一般傳統的觀念有落差，懷孕期的婦女，並不免疫於情緒問題。女性在產前患上抑鬱症是頗為普遍的現象，大約15%-20% 的孕婦曾感到某程度的抑鬱。

由於產前抑鬱症的症狀，例如抑鬱的孕婦感到疲倦、沒有動力、對事物失去興趣、胃口改變（沒有胃口或者暴食），以及睡眠習慣改變（失眠、渴睡、睡眠質素欠佳）等，與一般懷孕時遇到的不適非常類似，以致不少人會誤把這些情緒病的症狀當作懷孕期的不適，因而令患者無法獲得適當的關注和治療。

此外，患上抑鬱症的婦女會食慾不振，導致營養不良；她們也較多有吸煙和酗酒等問題（企圖用煙酒來減壓），這些都是直接傷害胎兒的。所以患有抑鬱症的孕婦，有可能誕下過輕的嬰兒（即體重少於 2,500 克）；她們亦會比一般精神健康的孕婦，較容易產下早產兒（即少於 37 週就出生）。

6 產後抑鬱症

產後抑鬱症的發病率，大約有 15% 至 20%。發病過程通常是漸進式的，但症狀也可能出現得很急很快， 並在產後一年內任何時間出現。產後發病的高峰期，分別是 8 個星期和 6 個月。當中有差不多 15% 的產後抑鬱症患者，是在懷孕期發病的。除了上述抑鬱症狀外，這些媽咪常還會變得過度憂慮或緊張、易怒或感到急躁、恐懼、不安，及難以做決定。有些媽咪形容其間感到失去自己，面對孩子時感到不安或對孩子沒有感情，集中力下降（例如忘記約會）。這些症狀，都會影響孩子的成長和日後發展。

7 躁鬱症：雙相情感障礙二型（Bipolar II）

雙相情感障礙二型（Bipolar II），舊名是「鬱躁症」。
患者相對性地較長時間處於抑鬱狀態，所以很多時被認為是患上抑鬱症。當患者經歷「輕躁」時，往往樂在其中，而不會感到有需要治療，所以若醫生不主動詢問，患者可能不知道要告訴醫生。**「輕躁期」的表現是情緒高漲，思想奔騰及說話不停等現象。**

鬱躁症的濫藥和酗酒情況都比單向抑鬱症嚴重。這令到醫生分不清那些情緒失調跟飲酒藥物有關，或是情緒病本身的病徵。

大約有一成最初被診斷為單向抑鬱症的病人，之後會發覺其實是患上鬱躁症。

因為鬱躁症的治療，跟單向抑鬱不同，鬱躁症對抗鬱藥的反應不單不理想，還會加速情緒病的兩極轉換，也會誘發狂躁狀態、情緒病的混合狀態等。患者在情緒的混合狀態中，自殺率更為高危。所以及早覺察和正確診斷很重要。

抑鬱症的共病情況

在現實生活中，我們不會只是看見單純患上抑鬱症的病人，其實，與抑鬱症共存的情況很多，醫學上我們稱之為「共病情況」。

1 抑鬱症和焦慮症：Miu 爸爸的故事

Miu Miu 的獨白

我漸漸恢復，已經可以正常上班。當我放假的時候，經常會約泰臣見面。

最近我覺得爸爸有點不對勁！

爸爸為人一向都是緊張大師，整天杞人憂天，其實這樣子我們都習慣了！不過最近他好像玻璃心得要命，甚麼也接受不了，電視新聞播出的天災人禍，他都不敢看。

Miu 爸爸

還有他很暴躁，對媽媽無理地發脾氣。

最近山竹颱風來襲，他驚惶不已，好像世界末日。

他說當年暴雨成災，引發山泥傾瀉，半山區旭龢大廈坍塌。他說山竹的雨勢，令他覺得自己住的大廈將要倒塌！

爸爸自退休後，人越來越悲觀，他還有長期失眠問題！連他喜愛的羽毛球也不能打。據他自己說，是膝蓋不行了！

爸爸有點不妥……

好不好我叫花姐跟他談談？他們都是退休人士，應該容易談得來！

於是，我陪着爸爸，約了泰臣和花姐。我是費了九牛二虎之力才把爸爸拉出來。

不問猶自可，原來爸爸有死去的念頭。

與其等死，不如自己了結自己！太辛苦了！

世伯，我帶你去看醫生吧！

花姐有如我的在世菩薩！

在診症室內，Miu 爸爸終於把苦水吐出……

醫生，我很怕，好像大禍臨頭！
還有，我周身不舒服，胸口很悶！已經看過心臟科醫生，檢查結果是一切正常！

你以前應該患上廣泛焦慮症！

這點我不知道，我時不時失眠，要到家庭醫生處取安眠藥，醫生説我有神經衰弱。

以前所説的神經衰弱，不少其實是焦慮症。不過這次不同，除了焦慮症外，你更患上抑鬱症！你興趣動力也減退，還有是滿腦子負面思想！

伯伯，你要乖乖接受治療！

Dr. May 的忠告

焦慮是何物？

焦慮是每個人都會經歷到的情況。焦慮令我們感到有壓力，但人沒有壓力，就不肯去幹一些辛苦沉悶、不大情願但又不得不做的工作。適當的焦慮令人的潛能得到更佳的發揮，好像考生面對考試有「恰到好處的焦慮」，就能把壓力化為動力，往往成績會更好。不過人若有過多的焦慮，就成為了過度的煩惱擔心、引起身心不適。

廣泛焦慮症與正常焦慮之分別

人遇到壓力，很自然地會產生焦慮。事實上，調查發現香港有 14% 受訪者，就是因生活壓力而感到十分焦慮。

從表面徵狀來看，患有廣泛焦慮症的人，與一個正在面對壓力的人，所經歷的十分相似。但後者是「客觀地」面對困難。而廣泛焦慮症的患者，並不真正在面臨一些「實際的」困難，就是真的有困難，其嚴重性遠比他們所憂慮的為低。況且，他們所擔心的範圍亦很廣泛，一波未平、一波又起，而且時間很長。

根據 DSM-V 的定義，當這種焦慮影響到我們應付日常生活的能力，帶給我們心裏動盪不安，及甚至引起身體很多不適，那麼，這焦慮便是過份、不正常了。而徵狀若持續至六個月或以上，就是病態。

普通焦慮

招財進寶，我一條蕉能做甚麼呢？
好大壓力

哎，想太多也沒有用啊

廣泛焦慮症

招財進寶，我一條蕉能做甚麼呢？

我會不會就這樣放太久變成黑蕉走過一生呢？怎麼辦？

這不是招財貓嗎 !? 那我不就要……

何謂廣泛焦慮症？

廣泛焦慮症，以前俗稱為「神經衰弱」。它非常普遍，在一些國際性的研究中，有 2%-4% 的人患有廣泛焦慮症。女性的發病率為男性的兩至三倍。
若以香港 700 萬人口計算，估計有 14 萬人有焦慮症。不同程度的焦慮症，都會對工作生活有相對的影響。

患有廣泛焦慮症之人可能會有下列的情況：

（1）思想與情緒

患者經常感緊張、煩惱、擔心、憂慮。

（2）緊張的感覺

患者感到緊張、不能放鬆，肌肉收緊、跳動、疼痛，經常感到頭痛、坐立不安、容易疲倦。

（3）身體表徵

a. 消化系統方面，有口乾、吞嚥困難、腸胃「多風」、吐瀉。

b. 呼吸系統方面，感到胸口緊繃、呼吸不順，吸氣要用力等，或呼吸急速。

c. 心臟系統方面，感到心跳、心跳失調、頸部動脈大力跳動。

d. 泌尿系統方面，覺得小便頻繁、失去性慾，男性陽具不舉，女士月經失調。

e. 其他：有些表現為耳鳴、頭暈、眼花、眼矇、不能入睡、發噩夢。

Miu 爸爸的情況

Miu 爸爸在二十多歲的時候，就很容易感到焦慮，他以為這是所謂「神經衰弱」。事實上，這些年來，Miu 爸爸時不時都感到焦慮，有時好些，有時差些。焦慮的感覺從來未曾在他生命離開過，到了中年和老年，他已經適應了這感覺。

不過最近，Miu 爸爸尤其感到易怒急躁、恐懼不安，對事情常常猶豫不決，精神難以集中。他自己本人也覺得日子過得很難受。

事實上，Miu 爸爸已經對以往喜歡的事物失去了興趣，還感到前景一片灰暗；他心中感到很孤單絕望！

Dr. May 的忠告：

說到廣泛焦慮症的成因，三分之一是因為「神經質」（Neuroticism）的遺傳特質，而「神經質」的遺傳也較易得到抑鬱症。所以焦慮和抑鬱是經常「手牽手」的：例如先得到焦慮症，接着演變成抑鬱症。另一情況，是兩者同時出現，這是很常見的情況。不過若是這樣，也會被視為抑鬱症來治理。

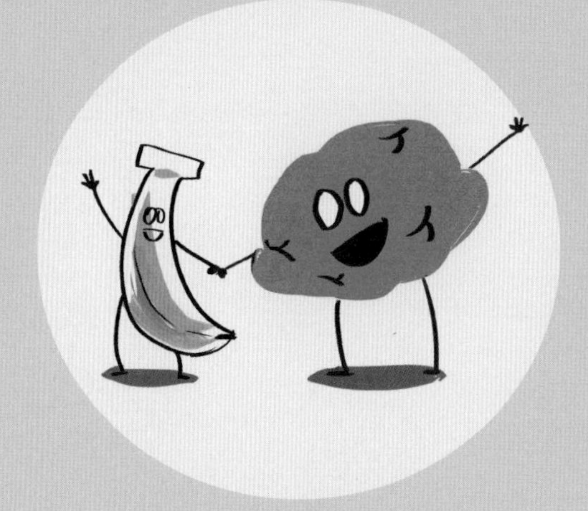

2 抑鬱症和酗酒（或濫藥）的關係：Henry 的故事

人們為甚麼使用藥物？人們使用藥物的理由有很多。有些藥物會引發一種強烈難忘的忘我狂喜（rush, ecstasy）。有些人是由於同儕壓力或生活壓力下才使用藥物。以後者來説，有些人有時是採取「自我施藥」來處理疼痛、焦慮或憂鬱等不快感受。在成癮狀況下，使用者可能是為了避免戒斷的負面症狀才去使用藥物。因為戒斷症狀（在停止用藥的情況下）是一連串的痛苦的感受和心理反應。

Henry：我是一個酒鬼

Henry 是花姐的朋友，他們曾經是護理學院的同學，後來 Henry 轉到普通病房工作，而花姐則選擇留在精神科。但在臨近退休時，上司發現 Henry 在工作時間滿身酒氣，手發着抖，最後把 Henry 提早勸退。

Henry
有一天，Henry 遇見花姐，兩人一起喝下午茶。

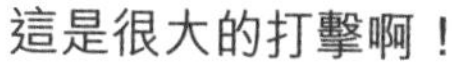

我最近因為發現了太太有婚外情，感到很難過。你知道我一直沒有子女，太太沒有多想，就跟我離婚。她分了我一半財產，把我趕了出家門。我感到自己是一個很失敗的人！

其實我一直都不開心，工作不順利，想有孩子，但太太不肯！最糟糕的是我病房出現了一連串的醫療失誤，雖然跟我沒有直接關係，但間接影響了整體的士氣！

我開始睡得不好，心情低落。有一次，我發現喝酒可以令我較易入睡，漸漸地，我日間也渴望喝酒，因為酒精令我感到沒有那麼痛苦，我想麻醉自己！

酒到愁腸愁更愁啊！我看酒精不是你的出路，它不是你的舒適區，它是你的沼澤地，令你泥足深陷！不如我陪你去看看醫生！

又見面了，花姐！

勞煩醫生您了！

最後，醫生診斷 Henry 除了酒精上癮外，還患上抑鬱症。

醫生處方了藥物給 Henry，也幫他訂下了戒酒計劃。醫生還替 Henry 進行一系列的心理輔導，最後介紹他到戒酒無名會（Alcohol Anonymous，簡稱 AA）：一個自助小組去。

Dr. May 時間

壓力、情緒和酗酒

事實上，我們承受的壓力越大，使用藥物的可能性也越大。

壓力是源於一種令人不安，會改變正常身體反應的刺激，如恐懼、痛苦等。適當的壓力是動力，不過，過度的壓力會造成身體的改變。壓力令身體處於警覺和備戰狀態，當然這些對我們的生存攸關重要，但這是一種很「吃力」的反應，而且持續不斷的慢性壓力，可以釀成情緒和身體上的傷害。

慢性壓力會影響許多身體器官系統，讓我們感到抑鬱、焦慮、沮喪、疼痛、疲倦、身體不適等。壓力還會壓抑免疫系統，讓我們更容易受到感染，甚至得到癌症。

壓力源有些與個人因素相關：一件事對某人是一種壓力，對別人就不見如此。壓力源有許多種類：包括天災、地震；此外生命中的重大改變，也可能是嚴重的壓力源。Henry 經歷了太太的出軌、離婚；加上工作的種種不如意，甚至被提早勸退。這些壓力層層累積，最後影響了我們精神和身體健康。

不單單是發生在 Henry 身上，壓力往往會讓人們開始酗酒或濫藥，但這只會令問題複雜化、嚴重化。光是要面對自己的酗酒、宿醉，已經令 Henry 感到羞愧和加添壓力。

所以 Henry 的長遠治療，除了焦點在他的抑鬱症和酒精問題外，還有增強他面對壓力的韌力。Henry 必須發展出積極性的抒壓方法，和增強自己的支持系統。其實有些壓力剋星很簡單，如：遊戲、運動、冥想、改善飲食等。此外，若 Henry 願意參加一些義工活動，擴闊他的朋友圈子，他的復康會更快，復發的機會會減低。

3 抑鬱症和人格障礙：東尼、Mr. Lee 和 Catherine 的故事

甚麼是人格障礙？

首先何謂「人格」？其實就是廣義的「性格」。例如我們談到泰臣，我們會説他的性格非常樂觀，花姐、Jelly 和 KC 很熱心助人。言下之意就是泰臣、花姐、Jelly 和 KC 在不同情況下，曾多次表現出樂觀看待事物、或熱心助人的傾向。他們的人格，就是那種一直以來看待事物，和對事物作出反應的方式。在漫長歲月和各種情況下，對泰臣花姐、Jelly 和 KC 而言，他們已經習以為常。

不過，在精神健康的領域裏，「性格」一詞是指那些令我們與其他人有所不同的個性和特質。當中包括我們的思想、感受和行為。

我們當中大部份人在十多二十歲時已經形成了自己的性格，各有自己在思想上，情緒上和行為上的特質。這些特質在我們往後的人生中大致保持不變。通常，我們的性格會讓我們和別人相處得不錯，即使那不是十分完美。

換言之，人格特質，就是表現為人對身邊環境和自己的慣常看待方式，行為舉止，以及做出反應的習慣思維和方式。這些特質通常會用不同的詞語來定義：樂群、獨斷獨行、認真、多疑、波動、負責上心等。

人格障礙的特徵

不過，有些人的情況並非如上述那樣。總而言之，我們有時會因為自己的性格問題而與自己或別人過不去，一些慣性的思想、情緒和行為，往往會令自己和身邊的人受到困擾和傷害。可是，當我們嘗試從經驗中學習，或要改變、修改這些人格特質時也很困難。事實上，人格特質通常在兒童或青少年時期已逐漸形成，這有別於因為受到創傷或腦部受創而引致的性格改變。不過，一個人的性格難於相處，並不就是等同有人格障礙。

有人格障礙的人，會有以下特徵：
(1) 難於建立或維繫一段關係
(2) 難於和工作上的同事相處
(3) 難於和家人及朋友相處
(4) 總是避免惹上麻煩
(5) 難於控制自己的情緒和行為

如果你因此感到不開心或困擾，並且 / 或者你發覺自己常常感到困窘或想傷害別人，那你便可能有人格障礙。

舉例，假如我是一個多疑的人，如果這種多疑可以保持在一個適當的狀態，例如我要經過一段時間的觀察，才會漸漸對某些人產生信任，那麼我的多疑就只是一種可以讓我減低被人愚弄機會的特質。這特質在面對電話騙案時，也許非常管用。

不過，如果我隨時隨地都滿腹懷疑，

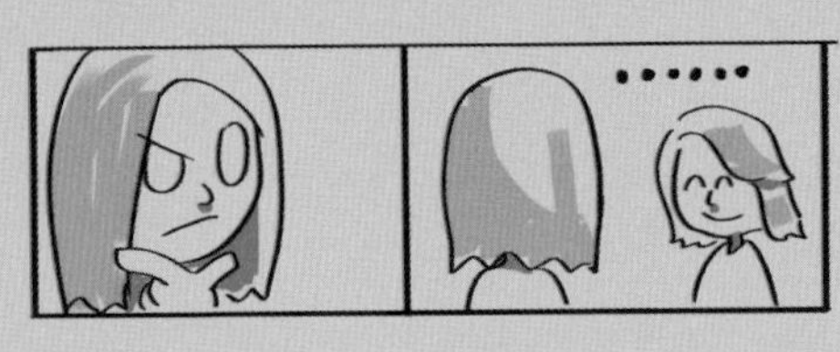

哪怕對最為仁慈的人，也無法信任，
那麼，大家很快便會覺得我難以相處，
我自己也會時刻疑神疑鬼、提心吊膽，
因而失去結交新朋友或成功完成工作的機會。在這種情況下，就是名副其實的「人格障礙」。

換言之，只有在某種性格特質過於明顯或僵化，無法適應不同情況，並令當事人或別人（或兩者）不堪忍受時，人格才會成為障礙。

因為這樣，有人格障礙的人生命充滿困難，因此常常會有其他精神健康的問題，好像是抑鬱症和其他精神病患。

在以下的個案，我們會分享一些案例。

泰臣的學生——東尼，經常自說自話

東尼是我的健身學生，他為人健談，經過一段日子後，他時不時相約我一起吃晚餐。

東尼

東尼是一位建築師，也是一個連鎖飲食集團的家族成員之一。他退休後，除了健身運動外，經常遊山玩水，也很喜歡請朋友到他家族經營的餐廳吃飯。

這是我曾刊登過的文章，介紹
飲食文化。

寫得很好啊！

哈哈哈！我研究的東西可
多了，告訴你……

有些時候，東尼會給我看他的書法畫作，有時
又會考我對文學的知識。

他為甚麼要考一個健身教練的
文學知識？東尼很奇怪！

家姐，東尼真的很了不起，
一位建築師可以涉獵不同領域的東西，真
是學富五車！

我真心覺得東尼與眾不同。

不過漸漸地，我不太願意接觸東尼。跟他一起，他只會自說自話，你永遠只是當一個聆聽者，因為他對我的事情不感興趣。有一次我因為股票投資失手，東尼知道後，竟然這樣說：

我投資極有心得，在世界各
地都有自己的物業！

我心中納悶，心想：「東尼既然這樣有心得，
為甚麼不指點一下我！」

自此之後，我不再拜倒於東尼表面的魅力。跟東尼的交往，自己只是一個聽眾，而不是一個參與者。最令我反感的，是有一次東尼即席表演唱京劇，我覺得自己「被迫」做他的小粉絲，實在很不情願。

最近，我因為突然不舒服，要提早結束健身課。

不好意思，
我不太舒服，
提早下課吧。
你為甚麼乾脆不出來！

他好像一點同情心也沒有。

東尼好像很自我！
聽聞他做很多善事，如派米、放生等。
不過這可能為出風頭而已！

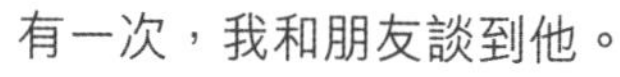

有一次，我和朋友談到他。

有一次，我跟花姐提起東尼。

東尼跟妻子兒女相處好嗎？

聽說他的家人關係不太和洽。

所以常常說：愛全世界
容易，愛一個人難！
因為你愛全世界，如大聲疾呼
祝願世界和平，去捐款、派米
活動等，都是概念性的，屬於
較表面行動上的，但愛你的家
人和鄰人，卻是在長時間生活
細節上的實踐，能彼此包容和

也許東尼有自戀型人格障礙。

有一段時間，我發現東尼悶悶不樂，有時候，他甚至付了學費也不上堂。

很久沒有見面了！你還有很多健身堂，幾時有空？
我可以探探你嗎？

我不舒服，心口翳悶，連京劇也停止了練習！

好吧。

東尼同意我到他在半山的家去探訪。

我細問之下，才知道最近東尼的父親病逝，他當然很傷心，而他發現關心他的朋友原來寥寥可數，連太太和子女也不大肯安慰他。

真是酒肉朋友！

我第一次見到東尼落寞無助的樣子。

最後我和花姐鼓勵東尼去看醫生，醫生診斷他患了抑鬱症。

我記得你是花姐的弟弟泰臣。這是你朋友？

Dr. May 時間

其實自戀者容易抑鬱

有自戀型人格的人，會莫名的自我感覺良好、自命不凡。他們期望獲得別人關注和禮遇，甚至會無所不用其極，去爭取他們認為理所當然的東西，但他們對別人卻缺乏同理心。儘管他們看來心高氣傲，其實自戀者的內心是十分脆弱的。

對自己，會自覺與眾不同、出類拔萃，理應比別人得到更多。總想着如何在職場上和戀情中，取得輝煌的成就。所以他們很多時候，極為在意自己的外表和衣着打扮。

對他人，會期望獲得關注和禮遇，視為理所當然。如果沒有得到期望中的禮遇就會生氣甚至大怒。他們喜歡利用、擺佈他人，以達到自己的目標。他們鮮少對別人表現出同理心，也很少會被別人的情緒觸動。

説實話，如果一個人有才華又有魅力，就算有一點兒自戀，別人也許比較容易接受。但很多時候，卻並不是真的那麼優秀。最重要的是，自戀者總是想獲得更多、更多，最終使身邊的人忍無可忍。很多研究顯示，自戀型人格似乎比普通人，特別是在中年危機階段，更易陷入抑鬱。

人到中老年，自戀者比普通人更難以接受，其實自己並沒有甚麼了不起，也不能實現年輕時夢想的事實，於是他們對一向自命不凡的自我形象，就會產生質疑，因而感到失落。當然每個人都有可能經歷這些事情，但這對自戀者的打擊會更加嚴重。

再者，自戀者的行事風格會妨礙他們跟其他人建立親密的關係，如東尼一樣，他根本沒有甚麼真正的朋友，然而擁有可以推心置腹、可以親近之人，正是賴以保護我們對抗很多心理疾病，尤其是抑鬱症的重要元素之一。這往往正是很多自戀型人格者所缺乏的。不少自戀型人格患者，都是在遭遇挫折之後，才願意去諮詢醫生，或進行心理治療。

Jelly 的上司 Mr. Lee
——我受不了他的追求完美

我給你發出的電郵，
你有跟進嗎？
我想問是哪個電郵？
Mr. Lee
昨晚凌晨給你發出的！

我現在盡快去跟進！

Mr. Lee 是我的上司，性格嚴謹，態度認真，平時不苟言笑，事事追求完美，對人對己都要求無懈可擊，是典型的工作狂。在我之前，已經有多個同事因不堪他過高的要求，離職而去。

你的報告還差一點，你的標點
符號不正確，整份都要修改！

我真不知 Mrs. Lee 是如何忍受他的，他令
到周圍的人都很緊張。他這樣令自己也很
辛苦吧。

這一陣子，Mr. Lee 一直沒有上班，這是從來未曾發生過的事。

Mr. Lee的太太有婚外情，
還要求離婚！

這件事，我相信遲早會發生的！

聽聞 Mr. Lee 患上抑鬱症，
而 Mrs. Lee 卻不顧而去！
我想探望 Mr. Lee ！

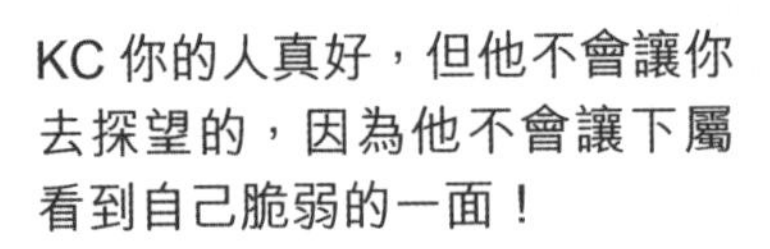

KC 你的人真好，但他不會讓你
去探望的，因為他不會讓下屬
看到自己脆弱的一面！

Dr. May 時間

完美主義者，跟精神科醫生最有緣！

醫學上，很多完美主義者，其實是患上強迫型人格障礙。這種人格障礙，有以下的特徵：事事追求完美，又很多擔心和懷疑——經常檢查東西，執着於別人所做的事，處事小心，心神總被一些細節所盤踞着，常常擔心自己做了錯事，難於適應新環境，通常有很高的道德標準，對人對己都有強的批判性，也對批評很敏感；此外，他們心中容易有纏繞的思想和意象（雖然嚴重程度不及強迫症患者）。

因為對己、對人、對周圍環境的要求都高，期待常常無法得到滿足，擁有強迫型人格者就容易產生挫敗感、無力感。而抑鬱症的成因之一，就是「習得的無助」(Learned Helplessness)的心態。

難怪他們與精神科醫生特別「有緣」。

KC ：我不知如何幫助 Catherine

我在生命成長課程中，有一個同學 Catherine，她令我頭痛不已。

Catherine 很情緒化，常常失驚無神找我，有時甚至在半夜三更來電話！

嘩！她真是比較過份！

不過最令我感到麻煩，是她經常發一些負面信息給我，說自己很不開心，很憤怒等等，真是不知怎樣安慰她！

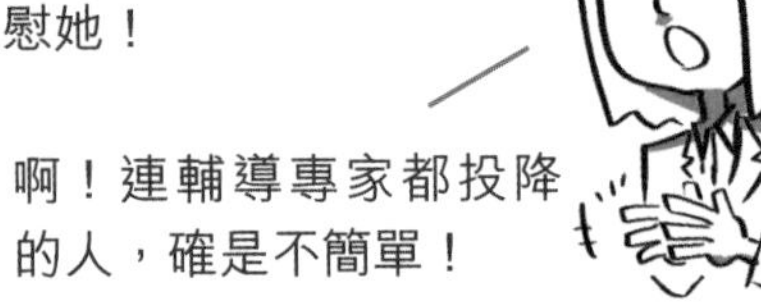

啊！連輔導專家都投降的人，確是不簡單！

唉！你別再揶揄我了！

最近 Catherine 突然要求我晚上見她。原來她被上司責備，加上找不到其他朋友訴苦。

說實話，Catherine 根本沒有甚麼真正的好朋友，尤其是她的戀情，根本沒辦法維持長久。

Catherine 感到很孤單，於是想起了我。我可以稱得上是她比較信任的「朋友」。也知道 Catherine 患上抑鬱症，要定期看醫生。但說實話，我不覺得 Catherine 特別抑鬱，只是覺得她情緒波動幅度很大。

你今晚甚麼時候下班？

我要加班到差不多九點！

那麼就九點見吧！我很不開心，想聊聊天！

那麼……，好吧！

Catherine 跟我說，她和現任男朋友已經分了手。Catherine 又是氣又是罵！對我的開解，好像充耳不聞。她很任性和自我！

我開始感到不耐煩，但為了平復 Catherine 失控的情緒，我勉為其難地一次又一次開解她。可能我自己的語氣，也有些硬繃繃。

你也不是好人！！！

Catherine 竟然一手把我的手機摔到地上去。

喂，是 Catherine 姐姐嗎？
快點來接她！

我怕她做出傷害自己的事，
幸好，我認識她的姐姐。

Dr. May 時間

邊緣性人格患者與抑鬱症

邊緣性人格患者，情緒反覆不穩定。他們經常做出衝動行為。這往往並不只當身處危機中，更多是因為難於控制情緒。患者對別人不時有強烈憤怒，對自己則常常有空虛負面的感覺。邊緣性人格患者會對身邊的人「過份要求」關愛和協助，而在關係變得過於親密時，卻又會因為害怕被遺棄，而變得情緒失控或選擇離開。他們對別人的看法也趨向兩極化：一是過份理想神化、一是過份貶低、摒棄。

一些精神病學家，曾用冬天的刺蝟來比喻邊緣型人格：他們想要互相依賴取暖，卻因為靠得太近而刺傷了對方！

為了要「盡快」平息自己的憤怒、煩惱和絕望，邊緣性人格患者又會傾向於借酒消愁，或服用各種類型的鎮靜藥物，甚至用自殘的方式去抒發情緒：這往往是一時衝動而容易「玩出火」的危險方式。所以他們的自殺率在所有類型的人格障礙中，高居第一。除了焦慮抑鬱症外，邊緣性人格患者也容易跟飲食失調、酗酒濫藥出現共病的情況。

邊緣性人格患者，往往對自己充滿了懷疑，對自己究竟要些甚麼，也是一片茫然。他們的想法感受變化無常，常常感到很迷失。因為這樣，他們在友情、親密伴侶的關係和職業選擇上，常常碰壁，難怪他們會比普通人更容易患上抑鬱症。

4 Jelly 堂妹的故事

憂鬱型人格障礙：輕鬱症

Pearl

Pearl 今年二十多歲，樣子清純，長着一頭長髮。Pearl 是我的堂妹。Pearl 中學畢業後，就在政府部門任文職工作。我不時聽到嬸嬸跟我訴說對 Pearl 的擔心。

有一次，我跟 KC 聊天。

Pearl 年紀輕輕，卻已經看了好幾年醫生！有時候，我真的不知道究竟發生了甚麼事？她患上抑鬱症？還是有憂鬱型人格特質？

為甚麼會這樣的？

Pearl 在十多歲時，因車禍弄斷了右腳，之後安裝了義肢。事隔多年，Pearl 早已適應了義肢，生活起居跟一般人大致無異。但 Pearl 卻對自己傷患不能釋然，她覺得自己十分「苦命」，就是走到街上，也覺得別人都只會注意到她微跛的步履，因而看不起她。

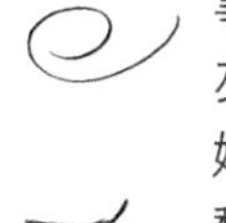

事實上，我大姐、Pearl 的朋友、同事都曾嘗試接近、關心她。但她卻總是落落寡歡，多愁善感，敏感地認為別人不過是假惺惺地「可憐」她罷了。

慢慢地，其他人對着 Pearl 感到無所適從，朋友已經漸漸地疏遠她。

眼看別人對自己「避之則吉」，Pearl 就更加肯定自己被別人看不起啦！

好像 Pearl 既認定了自己人生舞台要扮演「苦命人」、「可憐蟲」的角色，結果呢？現實上都一一給她預言言中了、實現了。

Dr. May 時間

憂鬱型人格障礙？——輕鬱症

以前有所謂的憂鬱型人格障礙，描述的是當事人感到自己的能力不足，對世界充滿了怨懟和埋怨。但根據現在 DSM-V 的診斷，這種憂鬱型人格，其實屬於患上「輕鬱症」——那是一種屬於長期性（超過兩年的時間）的輕度抑鬱。

不過很多時候，抑鬱症除非是很嚴重、得頑治，一般都能醫治，或某程度上有些改善。但情緒病背後執着、偏激、怨懟的人生觀，也算是一種「性格障礙」，令情緒病成為「絕症」。

情緒困擾很多時並非完全客觀的存在，更多時候是源於自己主觀的信念和價值觀產生出來的思想和情緒。

自我應驗預言（Self-Fulfilling Prophecy），這是社會學家羅伯特·默頓（Robert K. Merton）提出的一種社會心理學現象。很多時候，人們主觀的期望，就算是沒有客觀事實的根據，都影響着人的行為，以至期望最後得以實現。期望和行為之間的正反饋，就是應驗預言期望成真的關鍵。

其實每個人做任何事，歸根到底都是想滿足自己心裏的深層次需要。例如，想得到別人的認同、賞識和愛慕。事實上，這些需要都是人之常情，但很多時候，行為的效果卻與原先的動機背道而馳。弔詭的是，你越是執着這些「自我」需要，你就越得不到；放下「自我」的包袱，幸福就翩然而至。

Pearl 的怨懟自憐，是一種越陷越深的自我沉溺，也是她的自我預言成真。Pearl 心底裏一直渴望着「白馬王子」的出現。但人若不首先真心接受自己、愛自己，又如何令別人愛你？解鈴還須繫鈴人，所以替自己製造「思想監獄」的當事人，也只有她自己願意，才能夠「出獄」。Pearl 不是「不能」去改變，而是「不肯」去踏出第一步。

倘若 Pearl 肯面對接受自己，放下執着，把心思放在「如何令日子過得好一點」上，例如做一些簡單卻能讓人有成就感的事，盡一己之力去幫助任何可幫助的人，嘗試跟別人交流互動，培養興趣嗜好，養成運動的習慣等。

若能如此，Pearl 看到的世界，將會是天堂與地獄之別。

5 工作間的情緒抑鬱

不要說 Miu Miu 患上抑鬱症，其實我也有工作抑鬱症，最明顯是出現在星期一，Monday blue ！

對於上班一族來說，情緒抑鬱往往會直接或間接影響個人和團隊的工作表現，更甚的失去工作！

工作帶來的抑鬱心情，可以不是病，而是「怠倦症」(burnout)！

我的情況，好可能是「怠倦症」。

工作「怠倦症」很常見，最常遇到的情況是：工作壓力不勝負荷；工作安排不公平和合理；上司不可理喻；同事間支援不足；工作缺乏自主性；滿足感和意義感等。
$

今時今日，這樣的人應有不少吧！

心理學家 Sherrie Bourg Carter 說這「怠倦症」的徵狀包括：疲倦、焦慮、失眠、健忘、食慾不振及抑鬱等。

Sherrie 建議，可以的話，調整自己工作和生活的步伐，讓生活偶爾有些新鮮感，如在桌上放些鮮花，放假到郊外走走。這世界很大，童心未泯的人較不易怠倦！

能保「赤子之心」是多麼幸福的事！放眼世界，千萬不要因為工作煩惱而鑽牛角尖。
有多點愛好，不要讓工作佔據生命的全部。

6 抑鬱與哀悼：Teresa 的喪夫

Teresa 曾是我在病房工作時遇到的一個病人。她那時還年輕，患上了抑鬱症，失戀加上情緒病，令她企圖仰藥自殺。Teresa 跟我頗談得來，她出院之後時不時都有和我聯絡。所以在我退休時，她也寄賀卡給我。

我知道後來 Teresa 結了婚。最近，我知道 Teresa 的丈夫因患癌離世。夫婦兩人膝下猶虛。

花姐，夫家親友都責怪我沒有好好照顧先生，也嫌棄我沒有子嗣！花姐，我想我的抑鬱症復發了！
你是不是捨不得你先生，還未渡過哀傷期？

要渡過哀傷期，第一步先要接受親人已經去世的事實。這當然是一個痛苦的過程，不宜過份抑壓情緒或者否定悲傷情緒。所以身邊的人的支持尤其重要。

我會去整理先生的回憶錄！

喪親者。如果情況許可，可參與辦理逝世者的身後事，這亦有助渡過哀傷期。

如何重新建立失去至親的生活也是關鍵，當中包括調整生活規律，改變生活習慣、重新分配家庭角色，甚至重新建立社交圈子！

在下一章，我們會再談談 Teresa，以及人際心理治療。

Dr. May 時間

正常哀傷期的三個階段

親人好友離世，一方面要承受旁人未必理解的傷痛，另一方面也為各種籌備而奔波，也可能需要照顧其他親友的情緒，以及繼續為他們作不同的生活安排。在這種打擊及其他的生活壓力下，往往忽略了照顧自己。

哀傷期的長短因人而異，一般來説，喪親會帶來六個月至一年的哀傷期，在這段期間，心理上會經歷複雜的轉變，大致上可分為三個主要階段。我們將以「麻木期」、「情緒低落期」、「接受期」來概括這三個階段。

第一階段 麻木期

在親人去世的首數天，情緒相對平靜，甚至會否認至親已經逝世的現實。

根據著名瑞士精神科醫生伊莉莎白．庫伯勒—羅斯（Elisabeth Kübler-Ross）的學説，這種否認心態是人類面臨噩耗時的一種心理防禦機制。拒絕接受現實的表現，令當事人延續逝者生前的方式生活。

第二階段 情緒低落期

隨着為逝世者辦理身後事，喪親者的情緒會逐漸顯現：悲傷、孤寂、震驚、恐懼、緊張、憤怒、悔疚、鬆一口氣等。喪親者往往百感交集，情緒時有波動。

除了情緒低落外，他們會非常思念逝世者，經常回想過往的種種，也會出現一些懷念的行為，例如重複去做以前和逝世者一起做的事。盡量保留逝世者的物件等。他們還可能出現一些跟患者相似的身體症狀，甚至出現幻覺。

這期間，請留意會否患上「複雜性哀傷」！

第三階　段接受期

最後，喪親者接受了親人已經離世的事實，並收拾心情，使生活重返正軌。就是偶爾懷念已逝世的親人，仍能面對生活。

不過，要留意「週年效應」，每逢節日和一些特別的紀念日子，喪親者的情緒會比較波動，好像情況倒退了，但在週年效應下，此乃正常反應，一般不會持續太久。

何謂複雜性哀傷？

假如喪親者的哀傷延續，出現持續抑鬱、幻覺、過度自責，甚或生起自殺的念頭，嚴重影響正常生活和社交生活，便會是醫學上所稱的「複雜性哀傷」的情況。

最新研究顯示，大約 4% 的喪親者會出現「複雜性哀傷」的情況。當中以女性、與離世者非常親近者、關係矛盾不清者。倘若離世者是突然或意外死亡的，更容易出現這種情況。

此外，若發覺自己或你認識的人，因為喪親而出現以下其中一種的情況：

（1）親友離世超過一年，日常生活如睡眠質素、工作、社交活動仍受到影響；
（2）對生命感到無意義，沒有希望；
（3）有傷害自己或自殺的想法；
（4）有傷害他人的想法。

他們很可能患上抑鬱症，請盡快尋求專業人士的協助！

運動了嗎？

第二章
抑鬱症的治療

前　言

抑鬱症是涉及「**身、心、社、靈**」範疇，兼屬「多樣性」的精神疾病，所以並沒有人人都適用的靈丹妙藥。醫生只能按照患者的個人特徵、症狀、需要等，而制訂「個人化」治療方案。

還有，**抑鬱症比起其他身體疾病，更加需要患者跟醫生一起共同努力**。在某種程度來説，抑鬱症最終的療效，取決於個人的性格特質、心靈質素、思維模式和生活習慣等等。

Dr. May 時間

讓我在這裏，分享一些我的行醫體驗。

我有一個好友，他是腫瘤科的醫生。有一次，我們談論到一個共同病人，那位中年男人既患上肺癌，也患上抑鬱症。

你對病人的情況樂觀嗎？究竟醫生如何斷定病人能活多久？
病人的病，能否痊癒，能活多久，一般可以根據以下四種條件決定。

第一，是癌症的**診斷**，是甚麼部位、甚麼種類的癌？屬第幾期？
第二，是個別病人對**治療的反應**；
第三，是時間的觀察，看看**病症的發展走勢**；
第四，是**病人自己的內在資源**，即他的體質和精神狀態。

癌症並不是絕症，有些癌病的治癒率很高，尤其是發現得早。

例如甲狀腺癌和鼻咽癌。有些則很低，例如胰臟癌。

其實朋友所根據的四點，也能應用到精神科上。

第一：**對病症的診斷**。例如病人患的是驚恐症、抑鬱症，一般都有頗高的療效。不過病人若是患上思覺失調、躁鬱症等，療效就較參差，療效可以算是屬於中等。此外，病人若患上強迫症、廣泛焦慮症、創傷後壓力後遺症、酗酒和藥物依賴等，療效一般就屬於小至中等。若病人患的是性別取向或認同問題，情況可能很難或根本就無法改變。

為甚麼不同診斷，會有這樣大差距的療效呢？

這牽涉到精神問題的「深淺度」。「淺和較表面」的問題，可以很容易用藥物或心理治療予以改變，甚至可治癒。不過若問題牽涉很強的生物性，而不僅僅是大腦因後天環境因素而導致的功能失調，或後天學習而養成的習性，改變就不容易。

其次，就是在問題背後的信念，那個信念越容易被證實，就越難反證。例如強迫症的病人怕細菌感染會導致生病，所以不斷洗手，他永遠保持着令他安心的洗手「儀式」，永遠不會相信不這樣洗手也未必會生病。

第二：**病人對治療的反應**。有一些病人，就算是患上思覺失調，他們對治療的反應很好，好像「藥到病除」一樣，經過一段短期的治療，就能沉痾頓癒，重投學校和工作崗位。當然他們大部份都要持續服藥，預防復發。

相反，有一些患上抑鬱症的病人，卻是「藥石無靈」，背後的原因當然很多，牽涉到性格、信念和環境因素等。不過，我也見過很多本來對藥物治療反應良好的患者，但對治療抗拒而令到病情反覆，甚至變得棘手頑治。

第三，**用時間觀察**。有些病人早期對治療的反應很好，但復發時就變得棘手，甚至變得頑治和變為慢性病。

此外，有一些情緒病，真的會「轉症」，其實並不是真的轉症，而是根據長時間觀察，令病徵全面浮現。

根據統計，大約有十分一的單向情緒病到最後證實是雙相情緒病。在青少年患者中，更有六分一的抑鬱症後來證實是躁鬱症。

第四：**病人自己擁有的資源**。若病人有好的家庭支援，有好的社交網絡，這對能否痊癒起着舉足輕重的作用。此外，病人有積極的性格，良好的生活習慣，例如經常運動，加上面對壓力有良好的態度、思想習慣、信念和信仰，那麼他的治癒率就高得多，就算不是完全痊癒，也能與疾病「和平共處」，生活仍然豐富充實。

身體上的治療

1 藥物治療

藥物治療主要包括抗抑鬱藥、抗精神病藥、情緒穩定劑、抗焦慮藥和安眠藥等。一般來說，西藥發揮作用是「立竿見影」，可是所有用於大腦的藥物，都有一個特點，就是藥物被服用後，它隨着血液要闖過一道防禦體系，叫「血腦屏障」。

血腦屏障的運作

血腦屏障（Blood Brain Barrier）是指由脈絡叢形成的血漿和腦脊液之間的屏障，它能夠阻止異物由血液進入腦組織，對保護大腦起重要作用。而藥物對血腦屏障來說，就是一種異物。於是，最終只有極少的藥物能夠進入大腦組織，在神經系統發揮功效。

抗抑鬱藥

抗抑鬱藥有平衡腦內影響情緒的化學物質之作用，故可以改善情緒，令人不再抑鬱。

服用抑鬱藥，有一個重要原則，叫「**足量、足療程**」。那就是說，用藥一定要遵從醫生吩咐，服用**足夠的藥量**，讓**足夠**

的藥力進入大腦，再讓**足夠的時間**讓藥物發揮而改善神經遞質和受體的功能。

很多患者服藥三五天後，覺得沒有效果，便失望而停藥。也有的患者堅持服藥一段時間，正面效果沒有顯現，副作用卻先到來，所謂「未見其利、先見其害」。患者看不到他期望的好處，又要忍受副作用，所以過早便放棄服藥。不過更多的患者，是在服藥見效後，迫不及待地停藥，因而造成復發，後悔莫及。

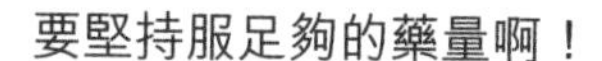

抗抑鬱藥大致可分為傳統抗抑鬱藥及新一代抗抑鬱藥。

（1）**傳統抗抑鬱藥：**其用途可減少抑鬱症患者的症狀，如焦慮、沮喪、缺乏動力、對事物失去興趣及無法專心等。某些抗抑鬱藥對治療焦慮症、強迫症、驚恐症、社交恐懼症、廣場恐懼症等亦有一定幫助。

常見的副作用：有口乾、便秘、體重上升、心跳加速、姿位性低血壓等。

藥名　Drug name	商用名　Trade name
Amitriptyline	Saroten
Dothiepin	Prothiaden
Imipramine	Tofranil
Clomipramine	Anafranil

（2）新一代抗抑鬱藥

可再細分為：

a. 血清素再攝取抑制劑（SSRI）

用途：有抗抑鬱、抗焦慮作用，其中一些也可用於治療強迫症、暴食症、驚恐症及廣場恐懼症等。

副作用：出汗、失眠、疲倦、神經緊張、手震等。

藥名 Drug name	商用名 Trade name
Fluoxetine	Prozac
Citalopram	Cipram
Sertraline	Zoloft
Paroxetine	Seroxat
Escitalopram	Lexapro

b. 血清素及去甲腎上腺素再攝取抑制劑（SNRI）

用途：主要用於抗抑鬱及抗焦慮。

副作用：嘔吐、便秘、嗜睡、神經緊張等。

藥名 Drug name	商用名 Trade name
Venlafaxine	Efexor
Desvenlafaxine	Pristiq
Vortioxetine	Brintellix
Duloxetine	Cymbalta

c. 去甲腎上腺素及特定血清素抗鬱劑（NaSSA）

用途：主要用於抗抑鬱。

副作用：便秘、口乾、嗜睡、體重上升等。

藥名 Drug name	商用名 Trade name
Mirtazapine	Remeron

d. 血清素拮抗劑及血清素再攝取抑制劑 (SARI)

用途：主要用於抗抑鬱。

副作用：疲勞、口乾、頭暈、頭痛等，亦有機會產生姿位性低血壓。

藥名 Drug name	商用名 Trade name
Trazodone	Trittico

e. 血清素及多巴胺再攝取抑制劑 (NDRI)

用途：主要用於抗抑鬱。

副作用：口乾、噁心、嘔吐、頭痛、失眠等，亦有機會改變食慾。

藥名 Drug name	商用名 Trade name
Bupropion	Wellbutrin

比較頑治的抑鬱症，除了抗鬱藥外，也會用新一代的抗精神病藥和情緒穩定劑。

新一代抗精神病藥

有鎮靜作用及抗精神病效果，亦有助改善抑鬱症的症狀，治療及預防狂躁抑鬱症的「狂躁期」和混合型發作。

市面上常見的抗精神病藥

藥名 Drug name	商用名 Trade name
Olanzapine	Zyprexa
Quetiapine	Seroquel
Aripiprazole	Abilify
Brexipiprazole	Resulti

情緒穩定劑

用途：可幫助穩定情緒，減少情緒過分波動。可用於治療狂躁症及防止情感性精神病的復發。某些抗腦癇藥也有以上的作用。

市面上常見的情緒平穩劑

藥名 Drug name	商用名 Trade name
Lithium（鋰）	Camcolit
Sodium Valproate	Epilim
Lamictal	Lamotrigine

Lithium（鋰） 是有效但要小心使用的藥，服用此藥者，須定期抽血檢驗，以確保鋰劑在血液裏的份量恰當，因為份量太少則效用不大，太多卻會引致危險的副作用。女性要適當避孕，如打算懷孕，須與醫生商量。

副作用：暫時性的輕微肚瀉、作嘔、手震、口渴及尿頻，也會影響甲狀腺功能或導致胎兒不正常。若中鋰毒，會出現視力模糊、腸胃不適、手震厲害、昏迷及抽搐等徵狀，如出現以上副作用，請盡快與你的醫護人員聯絡。

抗焦慮藥物

有部份鎮靜劑和抗抑鬱藥皆可作為抗焦慮藥物使用。

鎮靜劑
用途：鎮靜劑對中樞神經產生作用，可減少焦慮、不安、失眠和緊張等徵狀。

副作用：鎮靜劑抑制中樞神經，引致神志迷糊而減低警覺性，若長期高份量服用，會對藥物產生依賴。

市面上常見的鎮靜劑

藥名 Drug name	商品名 Trade name
Diazepam	Valium
Lorazepam	Ativan/ Lorans/ Lorivan
Alprazolam	Xanax
Bromazepam	Lexotan

另外，止神經痛藥 Pregabalin (Lyrica) 亦有抗焦慮的效用，副作用則包括嗜睡、頭暈、水腫等。

安眠藥

用途：能引起睡慾、促進睡眠及維持睡眠狀態。另外有些鎮靜劑亦會作為安眠藥使用。

副作用：頭暈、神志迷糊、記憶障礙等。如長期服用會造成生理及心理上的依賴。

市面上常見的安眠藥

藥名 Drug name	商品名 Trade name
Zopiclone	Imovane
Zolpidem	Stilnox

「K 仔」竟是神藥？

在 2019 年美國食品暨藥物管理局（FDA）正式核准含有俗稱「K 他命」(ketamine）成份的抗鬱新藥 Spravato（Esketamine）正式上市。相較於傳統抗鬱藥物，鼻噴劑的 Spravato 最快 4 小時內能活化腦部細胞，改善抑鬱情緒。

不過跟腦震盪治療一樣，esketamine 只有暫時性的功效，患者同時也需要服食抗抑鬱藥作為輔助。Esketamine 在頑治型抑鬱症和有強烈自殺傾向的患者身上最為適合，它可以減低患者自殺風險和入院治療的需要。

不過醫學界對於 esketamine 仍然有不少質疑，始終其臨床試驗在次數和時間上仍不足夠，另外也缺乏 esketamine 對人體健康影響的長期數據，而它的療效也仍然存在不確定性。

藥物治療 Q&A

(1) 抗鬱藥為何會有效？

正常人腦部的神經信息是經由一連串不相連的神經細胞（neurons）來傳導，神經傳導介質（neurotransmitters）是以血清素（serotonin）， 正腎上腺素（norepinephrine）及多巴胺（dopamine）等為主，一般相信，抑鬱症患者是因為其腦部的血清素和正腎上腺素這兩種神經傳導物質不足，或受體（receptors）敏感度降低，以致神經信息無法正常傳導而發病。藥物可有效調整神經傳導介質的失調和恢復受體的敏感度，從而改善抑鬱的徵狀，間接提升病患者參與日常活動及接受其他治療的能力。

請記着：抗鬱藥不是「開心藥」，服藥只能令患者不抑鬱，並不等於能令患者增加愉快或把不開心的事抹走，因為藥物並不能替患者「洗腦」。

「洗腦現場」

（2）抗拒藥物怎麼辦？

不少抑鬱症患者，認為情緒病乃心結難解，根治之途是心理輔導，吃藥是治標不治本。還有，他們很擔心藥物的副作用，很多人誤以為精神科的藥物是「懞仔丸」，吃了後會令人癡呆。他們還怕被「洗腦」，害怕因此會失去了意志思維上的自主性。另一項常見的憂慮，是害怕從此以後依賴了藥物，要吃一輩子的藥。吃藥好像代表了自己不夠「硬淨」，抗逆能力和情商低，性格軟弱。

請記着：你只是「需要」藥物，這不等同你「依賴」藥物。

當然治療的成效不能一概而論，病人應先認識清楚治療方法才作選擇，這樣才有助治療順利進行：

有利的態度

a. 服藥只是克服抑鬱的其中一部份方法，不要太專注在藥物的問題上，避免引致困擾；

b. 藥物不會對患者「洗腦」，雖然不會把苦惱帶走，但可以減輕抑鬱的徵狀，提升動力及接受其他心理行為治療的能力；

c. 抗鬱藥本身並不會令患者「上癮」；

d. 藥物有時是必須的，但須知道不能單靠藥物治療。每個人仍須要為自己的生活負責，學習幫助改善提升情緒的方法，例如定時運動，與人傾訴，改變思想模式習慣等；

e. 藥物除了有效醫治情緒病外，更有效防止它的復發。

（3）服用抗鬱藥幾時才有效？

服用抗鬱藥通常需要二至四個星期才開始見效果，而達到明顯的改善則需要服藥至少六至八週。有些病人，特別是老年人（65 歲或以上）可能需要更長的時間，往往長達八週或以上。一般來說，胃口和睡眠會先有進步，然後活力和興趣提升，及情緒漸佳。

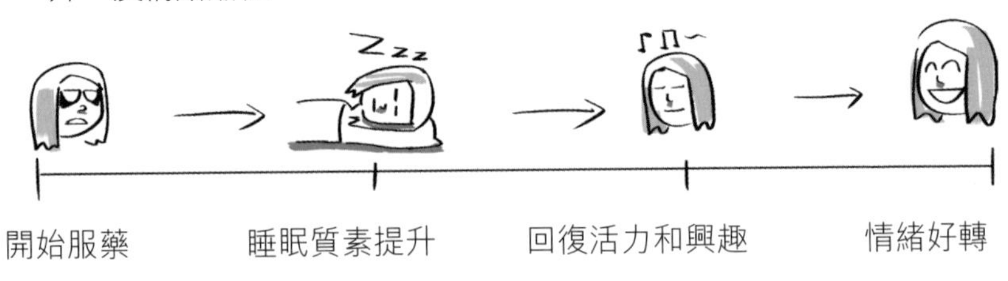

(4) 要服多少抗鬱藥才有效？

抗鬱藥要服用多少， 劑量實在因人而異。主要根據藥物種類，患者的身體狀況、年齡、體重等來決定。處方多由低劑量開始，然後漸漸增加劑量，直至找出最有效而副作用較少的劑量。

(5) 抗鬱藥一般要服多久？

對首次發病的患者， 一般要服 6 至 12 個月。

但對於嚴重抑鬱或復發超過三次以上，則須長期服用藥物以預防復發。因為抑鬱症其實與其他內科疾病，如高血壓、糖尿病一樣，只是大腦中樞神經的內分泌失調，需要長期服用藥物來控制。這是觀念上的重大革新。

此外，藥物也不可驟然停止，必須跟醫生商量，有系統的逐步減輕劑量。否則會出現撤藥反應，甚至抑鬱症狀反彈的後遺症。

不過，有少數病情頑固困難治療的個案，可能需要腦磁擊或腦電盪治療。

2 腦磁激治療（TMS）

甚麼是腦磁激治療（TMS）？

腦磁激（Transcranial magnetic stimulation, TMS）的原理如磁力共振，透過體外磁圈誘發短暫磁場，令大腦特定區域（左額前額葉）產生微弱電波，刺激腦部細胞活動，從而改善信息傳遞。這使原本活化不足的部份變得活躍，促進血液流動，葡萄糖新陳代謝亦相繼提升，患者的情緒得以改善。

TMS 經過 20 年的研究，已證實為安全、有效的治療，除了抑鬱症外，還對躁鬱症、其他腦功能障礙或精神疾病所引致的認知功能衰退等，都有幫助。TMS 對於一些患有抑鬱症但對藥物療程有很多副作用的病人來說，提供多一項選擇。

治療期間無須使用麻醉藥或鎮靜劑，醫護人員會把絕緣電磁圈輕放在左前腦對上的頭皮位置，然後刺激脈衝以連續頻率輸出。

當中會有短暫休止，全程需時 30 至 40 分鐘。由於治療儀器會發出一定程度的低頻噪音，需要配戴耳塞以保護聽覺。

研究顯示，患者在接受 10 至 15 次治療後，都會明顯感到有良好的效果，超過一半以上的人認為病情有好轉。

甚麼人適用？

至於甚麼人適合使用 TMS 呢？一般來説，TMS 適合經醫生評估，受抑鬱情緒障礙影響之 18 歲以上人士。

但由於涉及磁力，故體內有金屬者（如金屬支架，心臟起搏器等），腦出血、腦癇症（癲癇），以及懷孕婦女均不能接受這種檢查和治療方法。醫護人員會在進行前先詢問病人以確保安全。

有甚麼副作用？

常見副作用有：治療時被刺激位置有輕微震動、拍打感覺或輕微刺痛。

面部肌肉輕微震動以及輕微頭痛。儀器噪音引致耳朵輕微不適。

3 腦電盪治療（ECT）

甚麼是腦電盪治療（ECT）？

腦電盪治療（Electro-convulsive therapy, ECT）是一種沿用多年的醫治精神科疾病的療法，要進行 ECT，醫生首先會為患者進行全身麻醉，使全身肌肉放鬆，再透過一至兩秒輕電流令患者身體產生約 30 秒的抽搐，而患者將於約五分鐘後清醒；

療法每週進行兩至三次，需連續進行 6 至 12 次，次數視乎患者的反應。ECT 能幫助患者最快於一週內見效，較藥物治療的三至四週快。進行 ECT 後，約 70% 至 80% 患者的病情得以改善，而約 50% 至 60% 的嚴重患者亦見成效；由於腦內的血清素增加，壓力激素減少，及腦細胞增加，故情緒問題亦有改善。從醫學角度上看，它是一種有實證基礎的方法。

ECT 成效在於利用電流把腦內功能不正常的生化狀態矯正過來。

ECT 是至今療效最佳和最快的療法，但有效期只有幾個月，為了持續療效，患者還是需要定期服藥。

甚麼人適用？

最常用於治療嚴重抑鬱症或頑治抑鬱症，當藥物治療及認知行為治療等療法效果不太理想時，或會考慮用此療法。此外，ECT 亦會用於治療精神分裂症和狂躁症。

ECT 安全嗎？有甚麼副作用？

ECT 的危險性其實非常低，比藥物治療還低。而全身麻醉下進行的手術中，其危險度和死亡率都很低。但 ECT 會引致血壓上升、心跳加速及心房速律失調等，都會增加治療時的風險，故有心臟病、腦部生腫瘤或腦內壓偏高的患者在接受治療時，醫生會特別小心處理。

ECT 常見的副作用包括部份病人對近期事物的記憶力受到影響，以及頭痛等，不過通常很快便會恢復記憶力，頭痛也會消失。

心理治療

1 何謂心理治療？

心理治療不單是找人談談去開解煩惱。對於當事人來說，每個人的內心世界、性格、氣質、成長背景、經歷和處身於的社會文化都不同，所以每個人的心理困擾，還有他們的思維模式、解難能力，都如手指模一樣，是獨一無二的。

心理治療師是經過長時間的專業訓練，能有恰當的同理心去進入當事者的內心世界，加上理智的頭腦和臨床的直覺，有專業能力去了解個案的問題癥結所在。

事實上，人的內心藏有自我實現的傾向，治療師的角色是「促進者」，協助當事人把成長路上的障礙移去，讓他們去發現自己擁有的內在和外在的資源，每個人都能發展為心智成熟、健全而完全實現自我的人。

可能受電視電影的影響，很多人都以為 心理治療的過程，就是當事人躺卧在長沙發上，跟治療師對話，進行催眠、解夢等。這可能是 19 世紀時佛洛依德（Sigmund Freud）所描述的「心理分析」。不過經歷了超過一個世紀的演變，現代的心理治療，已經進化得截然不同了。現今主流的心理治療，是**認知行為治療、人際心理治療等，但心理分析治療，也是不可忽視的。**

② 心理治療的「生理」基礎

心理治療為何有效？如何以會談方式改變人的行為和思考？

事實上，人類的思考、情緒及行為，多與腦部功能有關。腦部結構或功能的改變會直接影響到行為與情緒。例如腦部受傷的病人，會變得容易衝動，甚至改變原來的溫順理智的性格。

Dr. May 時間

在臨床上，我曾經遇見過一個原本性情平易近人的老人，腦部中風之後，變得易怒、粗言穢語，甚至動手動腳打人。

腦部的功能，跟遺傳基因有關。人類的基因十分複雜，人類很多與情緒相關的疾病都跟基因有關，而基因的表現，社會環境因素的影響也非常大，因為後天環境，會通過某些機制影響基因表現。

此外，當基因影響到腦部功能時，人的行為和情緒也會產生變化，而這些變化，又會引起周遭環境的反應，經由回饋的機制，影響基因進一步的表現。

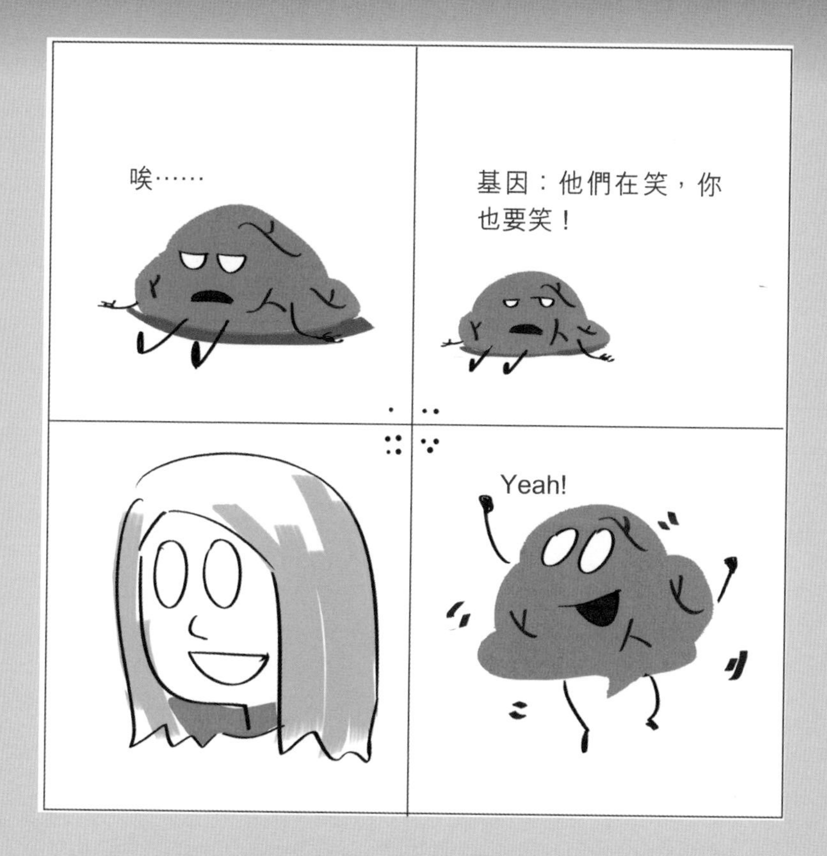

舉個例子，當一個人對着別人微笑而得到正向的反應，令環境氣氛都變得愉快，這情況會正向回饋到腦部的基因功能表現，形成一個良性循環。

所以無論是短期或長期的心理治療，都可以藉由學習改變思想和行為，而影響基因的表現，令神經元細胞產生結構性的變化。**研究指出，心理治療前後，腦部影像呈現很清楚的變化。所以心理治療是有生理基礎的。**

3 心理治療的主要派別

抑鬱症的心理治療有多個不同學派，而且不斷發展中。以下只是介紹一些主要的派別。

認知行為治療（Cognitive Behavioral Therapy）

認知行為治療是當今最熱門和常用的治療，它也是經過英國國家健康和臨床醫療研究所（National Institute For Health And Clinical Excellence, NICE）和美國心理學會（American Psychological Association, APA）經過實證醫學認定為有效的心理治療之一。

認知行為治療是一個有系統、短期性（為期數個月）的心理治療，對驚恐症、焦慮症、強迫症、抑鬱症和創傷後壓力症候群的成效尤佳，此外，對暴食症和思覺失調等都有幫助。

（1）甚麼是認知行為治療？

認知行為治療中，會提到你對自己、對世界和對別人的看法，而你的行為又會影響你的思想和感受。

認知行為治療能協助你去調節你的想法，改變「認知」和「行為」。這些改變可以令你改善情緒和更能適應環境。有別於其他傾談式治療，**認知行為治療集中在「此時此地」的問題和困難上，而非針對過往引致困擾的源頭。**

(2) 何謂認知謬誤？

抑鬱的情緒和悲觀的思想

有了抑鬱的情緒，就會產生悲觀的思維嗎？

抑鬱症病人大多會困擾於抑鬱的情緒和自責感中，因而容易形成悲觀的情緒，在這種情緒下思考問題。由於受了悲觀情緒的影響，往往會得出悲觀結論。

而且，這樣的抑鬱情緒造成的悲觀思維方式，會得出如「歸根到底就是不行」、「困難重重」、「非常糟糕」等結論和觀念，這些反過來又會對情緒起着推波助瀾的作用，使其程度進一步加深。如此一來，抑鬱的情緒和悲觀的想法相互影響、互為因果，形成了一個惡性循環。

如果是健康的人，悲觀的情緒和思維會隨着得到休息和環境上的轉換而漸漸變得淡薄，繼而恢復正常。這就像天氣上的變化一樣，雲雨產生後又隨之消散，是一種自然的循環。

不同的是，患上抑鬱症的時候從根本上會有這樣不斷的、強烈的悲觀情緒產生：

抑鬱情緒—> 悲觀思維—> 抑鬱情緒……

這樣的循環會非常頑固地反反覆覆出現。

健康的人

患有抑鬱症的人

（3）「認知治療法」：檢驗悲觀思維的類型

心理治療中有一種「認知治療法」。它針對循環的悲觀思維，認識這種心理，並有意識地去改善，從而達到抑制悲觀情緒的擴散。

當然，這個時候由於模糊意識和悲觀情緒的影響，難以很清晰地去思考問題。

治療師對悲觀思維歸類整理，歸納出以下的典型：

a. 缺乏根據的推測型
b. 極端的一般化型

c. 完美主義傾向型
d. 對負面因素誇大評價型
e. 對正面因素過低評價型
f. 過度自責型

以上所說的思維模式被稱為「認知錯誤」或「認知誤差」，雖然這些認知錯誤的出現是沒有根據的，但會不斷地在患者腦海中湧現。

（4）找出自己的類型

認知療法的做法，首先是讓患者把自己的感受、想法寫下來，以便從中找出認知誤差的類型，也就是發現帶來悲觀思維的認知模式；然後引導患者自己再用一種不同的、客觀中立的方式去思考問題，並將其與最初的悲觀思維相比較。

治療師協助患者將這種認知方法變為習慣，使其充份理解自己思考方式中存在的認知誤差，繼而不斷修正自己。認知療法常常用於對抑鬱症的恢復期治療和預防病情復發之上。

（5）日常生活中的反應

當遇到精神緊張或者受到壓力時，無論是誰都會產生心理反應，帶來各種情緒。然而，一個人在患上抑鬱症後，即使是沒有根據，心裏的悲觀思維模式作祟下，其負面思想會更加強烈。如果你覺得自己情緒消沉，感到悲觀，雖然還沒有到患上抑鬱症的地步，但容易鬱悶……這個時候，應該想一想，是不是陷入了那種沒有根據的悲觀思維模式，因而否定事物，得出比實際情況更糟糕的結論。用這樣的方法來對思想作自我檢視，是個不錯的辦法。

讓我們來看一些具體的例子：

a. 缺乏根據的推測：Jelly 的困擾

和 Jelly 一起進公司的女孩辭職了，Jelly 給她寄了張慰問卡。慰問卡寄出兩週後——

她應該收到了啊！怎麼還沒有回應呢？
這算怎麼回事！還說是一起進公司的好同事，實際上是不是討厭我啊？

新年的時候給幾個人寄了賀年卡，也是這樣的情況，真是有些鬱悶啊！

收不到回覆時，真是有一種失落感！

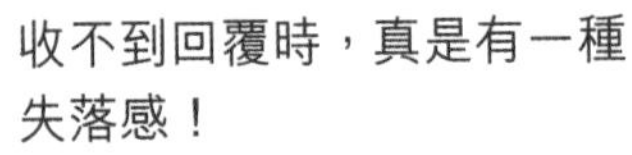

可是我覺得只憑這個，就斷定自己被人討厭，有些證據不足！似乎還沒搞清是甚麼回事，就去抱怨別人！

說的也是，這就是缺失根據推測的例子，恐怕都是常有的事呢！

b. 極端的一般化：泰臣進入了新公司

泰臣大膽地向上司闡述了自己的意見，因為他自問在健身這行業，也有一段日子了。

是咁的，我有個提議……

提意見？早了十年吧！先把你自己的事情都做好了，再說！

上司好像不理我了，那麼開誠佈公地把自己的想法說出來，可是那個所謂上司根本就不聽下屬意見，公司真是個讓人討厭的地方！

人都是很容易就這樣想，你的心情我可以理解！

我看我一年之後，就該不在這公司了吧！

我充份理解你的心情！
可是因此就認為天下所有的上司都是這樣，有點兒沒必要，別擴大範圍地指責吧！

畢竟，只要明白自己的上司
是這樣就夠了！

呀！原來如此，我想這就是所
謂的「極端的一般化」啊！

c. 完美主義傾向：Miu Miu 的遺憾

Miu Miu 完成了本期目標的 90%。

即使是這樣，還是不行啊！不
管是五成還是九成，都是沒有
實現目標，同樣都是失敗！

我怎麼這樣沒有用！

還差這一點點就達標了，我覺得很遺憾。

最近，我由於沒有達成目標，對自己進行全面否定，心灰意冷！

真是有這樣想的人，
典型的完美主義者！

我們辦公室很多同事都是這
樣，不是嗎？

過於執着地要實現目標，會讓周
圍的人，包括你的上司和自己都
很累！
好像總是失敗似的！

如果對完成的部份，能夠
給予更多的正面評價，對
自己才比較公平，也較為
客觀。

固執地照着過高的目標去努力，其實是過於拘泥於在某一點上。所謂的完美主義傾向，就是這樣子吧！

d. 對負面因素的誇大評價 / 對正面因素的過低評價：Jelly 的自責

我負責市場開發工作。K 公司的工作進行得不順利啊——雖然我常常可以從 J 公司那裏拿到合約！

與 K 公司的業務缺乏進展使你耿耿於懷，與 J 公司業務進展順利，你便視為理所當然。像你這樣的人，我們公司也多的是。

對進展順利的事情不予肯定，只集中想到不好的事情和誇大它，這會使自己變得消沉呀！

對好的事情看得很輕，不好的事情看得很重，
這是不合理的！

說來也是，我總是對不大好的事情格外「上心」，可是應該有個限度呀！

對負面因素的誇大評價，和對正面因素的過低評價，都是不必的。

希望我們能更注意到事情好的一面，情況可能並沒有想像的那麼糟糕！

e. 過度的自責感：KC 真的是過份認真

有時部門內部會出現一些小差錯，KC 會因此而感到很不開心。

可是 Miu Miu，我總覺得是自己的問題！可能是我的時間管理和執行能力有問題吧！

好像只要有我在，就會有出現差錯……

這種心情，我也能理解。因為我一向做事也太認真，太上心，自己也經常像你這樣。

人在怯弱的時候，有時會沒有理由地認為是自己不好。同樣地，在疲憊的時候，有時也會這樣——覺得大家都認為自己不好。往往是在狀態不好的時候，感覺就會出現錯位。

其實我說這些話，都是醫生曾經跟我討論過的，我可以說是久病成醫了。

原來如此，過度的自責感就是這樣，一定要弄清楚了。不要把跟自己毫無關係的責任都承擔起來，這可要正確理解剛才說的分清界線和責任啊！

Dr. May 時間

Dr. May 提議的心靈體操：

以上所舉的是簡單化的例子，現實生活中的情況往往是更複雜的，多種因素疊加在一起。大家想想自己是不是多少有點類似的情況呢？

平常我們不習慣對自己的想法和認知產生懷疑，並進行深層次的斟酌。所以說不清為甚麼，很容易便接受那種從悲觀思維的模式得出的認識和結論。

第一個例子是 Jelly 的同事沒回應她，她一點都沒注意自己的武斷，就立即認定自己被人討厭，因而變得很傷心！客觀地看，對於別人沒有回應這事，應該有不同的看法，這樣一來，自己的心情也不容易受影響。

——也許是對方懶得回覆吧！
——可能是沒有甚麼惡意，只是因為太忙了，沒時間回信！
——可能他對收到賀卡（或信息）也感到很高興呢

所以一下子就認為自己被人討厭，所持的理由實在是不充份的，真的沒有必要那麼難過！

無論是認為所謂上司全都不聽下屬意見的泰臣，奉行完美主義的 Miu Miu，否定型的 Jelly，還是自我指責型的 KC，都像上文所指出的那樣，可以用另一種方式去思考問題。用其他方式來思考，這並不是説要沒有根據地、一味盲目地往好處想，而是應拋開那些原本就是不必要的悲觀思維，以更為平心靜氣地、更客觀地來思考。這樣對過度悲觀的情緒，一定會大有改善。

在現代的社會生活中，我們無可避免地會感到精神緊張和壓力，嚴重時會因此而產生悲觀的情緒和想法。這是可以理解的。正是因為有這樣的原因，很多人會弄到精神疲憊。生活在這樣的大環境裏，我們應該一邊察覺自己「悲觀思維的模式」，時常對自己的想法重新進行審視，這是非常重要的。檢視和察覺自己的思考模式，是對「不知不覺中形成的悲觀心態」做「心靈體操」，使其不必要的精神負荷得到釋放。

大家一起用這種方式試着做做吧！

(6) 認知而沒有行為是不夠的

在整個治療過程中，**行動是不可或缺、亦是最難堅持的一步。因為藉着行為可以推翻當事人主觀的假設，重新檢視當中的認知謬誤。**

迴避的態度和一些慣性行為，本身就是很多情緒問題一直持續的原因，因為這令到當事人一直活在自以為是、充滿認知謬誤的世界裏。

所以認知和行為治療相結合，療效才理想。

心理動力治療（Psychodynamic / Psychoanalytic psychotherapy）

這派別以佛洛依德和之後的容格（Carl Jung）為精神分析學的始祖。經歷超過一世紀的變化，心理動力治療的方式跟以前已大有分別。
心理動力治療的焦點，是人的潛意識內的糾結，它會表現為人的防衛機制（defense mechanism），精神官能症（如焦慮症、驚恐症、心身症等），令到當事人情緒困擾和對環境適應不良。潛意識可以表現為口誤（slip of tongue）、夢境等。

根據心理動力學的理論，有些自我防衛的機制其實令當事人更糟糕，因為逃避了痛苦，往往使問題變得更嚴重，甚至形成各種的精神疾病。心理動力治療將重點放在把潛意識的焦慮衝突，提升到意識的層面去。這樣當事人就能認清自己內心的問題，繼而作出需要的改變，從而得到症狀的紓緩、生命的成長。

心理動力治療比認知行為治療需要的時間一般較長，療程可以由幾個月至幾年，而且療效不像認知行為治療一樣立竿見影，有時候會有遲延效應（delayed effect）：療效可能經過數月甚至數年才逐漸浮現，而改變更為持久和深遠。

Dr. May 時間

Dr. May 的分享：高買的 Lily

Lily，一位 30 歲的年輕少婦。她有兩個兒子，大的四歲，小的兩歲。Lily 身材小巧玲瓏，相貌娟秀，一副小家碧玉的樣子。Lily 一直在會計師樓做秘書，而她的丈夫就是一名會計師。有了孩子後，她成為了全職家庭主婦。

Lily 的第一次高買，就發生在她生下大兒子後不久。那時她的丈夫剛到外地出差，Lily 從她的舊同事那裏，聽到有關她丈夫的緋聞：他跟女下屬搭上了！

不能當面向丈夫對質，Lily 感到心情又鬱悶、又無聊，她獨自在超級市場四圍閒逛。剎那間，她腦袋裏閃出一個「頑皮」的念頭——把貨架上的朱古力條偷走，看看能否成功地逃過職員的監視。Lily 突然感到情緒十分高漲興奮，她既驚又喜地把這念頭付諸實行。

這一次她僥倖的逃過超級市場的防盜系統。事後，她看看手中只值十多元的糖果，感到有一種前所未有的飄飄然和成功感：這是她多年來也未曾嘗過的。

這次成功高買之後，Lily 腦海裏不時浮現出高買一事，她感到很興奮過癮，但同時又感到有罪咎感。

Lily 的丈夫一直否認任何婚外情。Lily 感到無奈，但想想自己曾經高買，也感到很羞恥。

其實這些年來，Lily 感到自己當家庭主婦的生活困身極了，她的存在只是在滿足着周圍的人的要求，而自己跟丈夫的隔閡又越來越深。她相信丈夫在外面一直有第三者。Lily 感到自己是一隻籠中鳥，而丈夫就可以在外面天高海闊的任意飛翔。

這事之後，Lily 不時高買， 直到有一次，她被警察逮捕了。

在警署內，Lily 又哭又喊，好不容易等到丈夫來到，替她保釋外出。

因為 Lily 惹上官非，丈夫只得取消出差公幹。他為 Lily 請來了律師，又陪伴着她到法庭應審。

判刑那天，Lily 在犯人欄上偷看丈夫，他眉頭緊鎖，顯得憂心忡忡。Lily 感到愧疚，但又奇怪地感到高興：丈夫已經很久沒有這樣子關心過自己，還要為自己奔波操心。

法庭頒佈了感化令，感化令中有一項：要求 Lily 定期見精神科醫生。就這樣，我跟 Lily 遇上了。

在開始的幾個月，日子回復平靜。但不久，Lily 又再高買，又再惹上官非了。Lily 跟丈夫的關係越來越緊張，兩口子已進入冷戰狀態。

我開始替她做較深入的心理治療。

Lily 自少家教很嚴，她一直要屈服在權威之下。如今，她更要忍受丈夫的疏遠和不忠，她帶着兩個孩子，一直吞聲忍氣。對於 Lily 來説，她的偷竊是一種面向權威的挑戰。但是 Lily 把對丈夫的不滿抑壓，她從不敢正面宣洩她對丈夫的憤怒。

Lily 在潛意識中，極有可能借「偷竊」去羞辱他，懲罰他。在心理治療的過程中，Lily 終於意識、接納和理解到自己內心深處的矛盾衝突，她再不需要用高買去處理問題了。

Dr. May 的分享：一個有關容格的故事

提起容格，讓我想起一個令人感到不可思議的真實故事。

Connie 是一個雙職婦女：她是一個會計師，還育有兩個女兒，兩個寶貝都聰明乖巧。

不幸的是，兩年前，小女兒患上血癌，經過一輪跟病魔艱辛的搏鬥，女兒最終離世了。

Connie 經歷了漫長的的哀悼憂傷，才慢慢重拾心情過日常的生活。

為何女兒這樣小，也善解人意，死神硬要把她接走？

每年的清明節和女兒的死忌，
Connie 都會拜祭女兒。

每逢女兒的生忌，她就送上一份禮物給她。往年的生忌，Connie 送給囡囡的禮物，是助養了保良局的一個孤兒。今年，Connie 正盤算要送些甚麼給囡囡。

囡囡的生日是在4月23日，那天是星期四，Connie 如常上班。正當 Connie 從地鐵站走向公司的途中，有一位青年向她介紹聯合國助養兒童計劃。

若是在平日，因為時間緊迫，Connie 根本不會理會對這些推銷，但今天例外，因為是囡囡的生忌。

囡囡，不如我就送這
份禮物給你，好嗎？

小姐，你可以選擇助養其中一個
國家的孩子！通常較熱門的是非
洲、中國內地一些偏遠地方。

囡囡，你希望媽
媽助養哪個國家
的孩子？

尼泊爾？

Connie 自己也奇怪，為何會忽然想起尼泊爾這地方。

我就助養尼泊爾的孩子吧！

小姐，尼泊爾算是頗冷門的選擇，不過我也可以替你安排。

兩天後，尼泊爾發生大地震。

哪有這樣巧合和不可思議的事情！

囡囡，原來你沒有離開過我，你只是以另一個更有意義的方式存在吧！

Connie 終於釋懷了。

容格：共時性——宗教性的心理學

「共時性」一詞乃榮格提出：意思是一些無表面因果關係的事件，卻有着「意義的巧合」。舉一個例子：我曾有一個病人的兒子在滑雪時發生意外。那時，他的媽媽正在預備晚餐，突然間手上的鑊柄折斷了，整個鑊掉下來……媽媽心裏覺得有種不祥預感，接着就收到警方電話，通知她兒子死亡的消息。「共時性」常取決於人的直覺體驗。

共時性並不局限於心理範圍，它可以理解為「內部的心靈母體」與「外在的現象世界」同時跨進我們的意識，成為有意義的巧合。

榮格發現了宗教性的心理學：他提出的共時性，在一個不尋常的瞬間，自然與心靈以有意義的方式交會，合而為一。故此，心理學與宗教不是對立，特別是在臨床工作中。

人際心理治療（Interpersonal Psychotherapy）

這派別着重人際關係議題上的處理，相信藉由處理與憂鬱相關的人際問題，可紓緩個案的憂鬱症狀。人際心理治療將人際議題分為四大類，分別是：一、因死亡而產生的哀悼、失落和適應；二、日常生活中的人際衝突；三、自己身份角色轉換，如生了孩子成為媽媽；四、處理人際關係的能力不足或過份敏感等。

人際心理治療的信念，是辨別當事人所遭遇的人際問題，並且加以處理，從而減輕當事人的情緒困擾。

花姐：Teresa 的抑鬱與哀悼

Teresa 就是我之前提過的朋友，她丈夫剛剛逝世。

花姐，我想我的抑鬱症復發了！

Teresa 性格 一直很內向，她形容自己不擅辭令。

說實話，很多喪親者都面對孤獨感，若加上抑鬱，往往令他們更難步出陰霾，而重新建立社交圈子和得到支援是走出低谷的關鍵。

我鼓勵 Teresa 找一些好朋友行山。她起初不太願意，因為怕不知跟朋友說甚麼，也不想別人給她「善意」的安慰。
我記得我曾學過人際心理治療，以前也試過應用在一些病人身上。

今天天氣很好……

你工作順利嗎？
薪金多少了？

我用角色扮演跟她預習了一些令她感到害怕、不懂面對、不知所措的社交場合中，別人有可能對她的提問。

經過一段時間的「角色扮演」後，我提議 Teresa 先找一些較合得來的朋友，重新開始社交生活。漸漸地，Teresa 也較自如地跟人相處。

新年期間，Teresa 應邀跟夫家的親戚飲茶。

我會盡量試試！

你不要再用藉口迴避、推掉他們！試試跟他們相處。

你還好嗎？

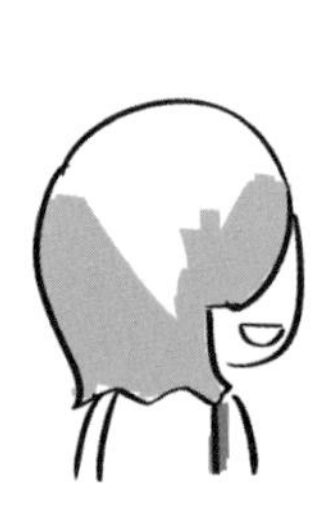

許久不見了，我們都很擔心你啊！

Teresa 漸漸發現，夫家的親友其實都關心自己。
藥物的治療配合人際心理治療，Teresa 慢慢走出她的抑鬱症。

行為活化治療（Behavioural activation, BA）

行為活化治療是一種由外在行為入手，進而改變內在感覺和想法的治療。英國艾克斯特大學研究人員李查茲（David Richards）說：「行為與感覺互相牽動」。換言之，它是「行為—情緒—認知」治療，積極的行動會改善心情，好的心情會令思維變得正面，而正面的思維又會令行動更有動力……由此形成一個良性循環互動。

因為憂鬱症患者常使用「反芻思考模式」，反覆煩惱、擔心和想着不開心的事情，容易引發抑鬱症。行為活化會減低「反芻思考模式」，有效對付抑鬱症。

花姐：你照顧植物，它們也幫助你

Carol 是我的朋友，她喜歡園藝，也重視友情。我鼓勵她多種一些盆栽。

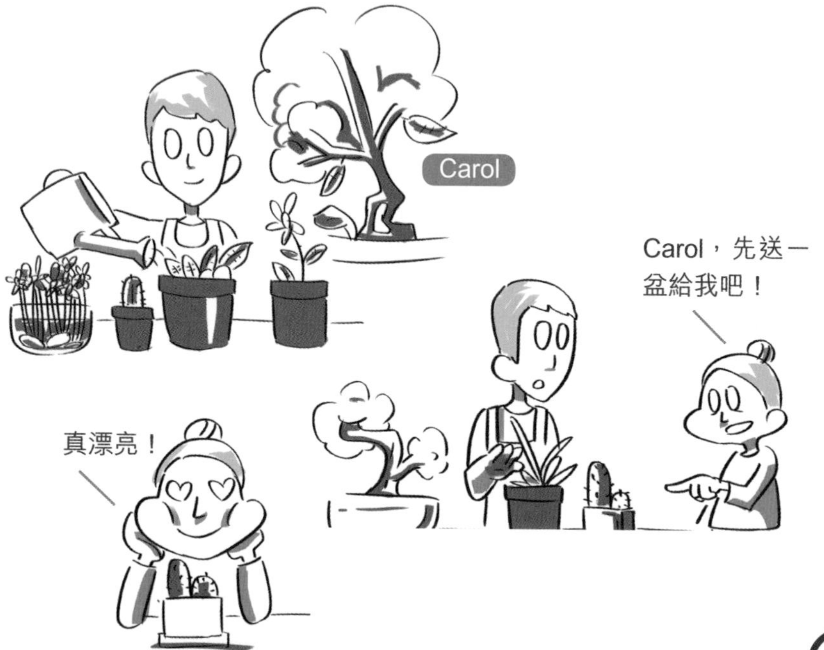

花種得那麼好，再種一些！
盆栽那麼美，你不如把一些送給人吧！
你只是送給人，也不用太多寒暄！

這不是太難，總比你叫我去出去做運動、找朋友好！

我知道對 Carol 來説，主動去接觸朋友並不容易。但 Carol 對種植不抗拒，專心種植讓她精神有了寄託；看到植物生長，也令她感到有活力。Carol 在贈送盆栽的同時，漸漸增加了和外界接觸的動機。

朋友收到我的花都很開心，我心情好像也輕鬆些！

我其實是巧妙地運用了行為活化，令 Carol 在消極度日（例如沉溺於自責）之外有更好的選擇，希望她一步步走出抑鬱。

Dr. May 時間

2016 年，李查茲和 18 人的研究團隊，嘗試把行為活化治療和認知行為治療直接比較，發現兩種治療成效相當；完成治療的一年，兩組都有超過六成的患者，表示自己的症狀至少減半。

這些發現很寶貴：行為活化簡單、易實行、有成效！

不少抑鬱症患者都有些共同的特質，如敏感、自卑、脆弱、逃避，追求完美等。不少患者總是「想的多，做的少」；結果就是愁腸百結，自怨自艾。因此，對於抑鬱症患者來說，行為活化還可以提升自信，克服個性弱點，令他們在不知不覺中完成人格成長。

由於接受過短期相關專業訓練的初級健康照護人員也能施行行為活化治療，所需費用相對比較便宜。抑鬱症患者可以從實施行為活化這類比較簡單的療法開始。

運動對精神健康有幫助嗎？

（1）帶氧運動

研究運動治療對情緒病的學者發現，每天慢跑或做其他帶氧運動，能有效改善抑鬱症患者的抑鬱程度，對輕到中度抑鬱有不錯的緩和效果。

曾有大學持續研究一年後發現，有規律運動者比沒有運動的人焦慮憂鬱狀況較少；還改善一些身心症狀如偏頭痛和腸胃毛病，減低怠倦感。由此看來，運動對抑鬱症是正向且可選擇的活動。

不過，荷蘭阿姆斯特丹大學和奧地利一所大學的研究，卻沒有發現運動對某些人的情緒有太大幫助：受測者的抑鬱症狀有進步，但未達統計學上的意義。運動和抑鬱症很難說有簡單的因果關係，因為中間有太多的干擾因子。如重抑鬱的人根本沒有能力做運動。還有，運動對某些人有幫助，有些則可能幫助不大。但到底對哪些類型有幫助，或對哪些沒有幫助，這都還要再研究，**唯一可確定的是，帶氧運動能改善心肺功能，也對體能和睡眠有提升效果。**

（2）身心運動

根據香港中文大學醫學院精神科學系林翠華教授在 2013 年的研究，發現有定期運動（每週有至少兩次維持半小時）、不定期運動和完全不運動的人士中，有定期運動的人士患情緒病風險最低，為 3.7%；不定期運動和完全不運動的人士，風險分別為 6.5% 和 13.7%。如果能維持定期運動多於一年的人士，其風險是最低的。

此外，不同的運動對預防情緒病成效也有差別：只有步行和做拉筋運動的人士，情緒病風險最高，達 6.2%；做帶氧運動的人士，風險為 4.8%；意想不到的是，做太極、氣功和瑜伽等身心運動的人士，情緒病風險最低，只有 3%。

林翠華教授表示，運動能刺激「安多酚」（endorphins) 的分泌，也令腦源性神經營養因子（brain derived neurotrophic factor, BNDF) 水平提升，增加腦部的血清素（serotonin) 和多巴胺 (dopamine) 等，進而減輕焦慮抑鬱症狀。

至於身心運動，因為需要動作及呼吸的配合，這樣人的精神就能集中、拋開腦袋的雜念，達到身心放鬆的效果，所以其減壓效果更佳。林教授建議若能以身心運動結合帶氧運動，對促進精神健康，效果會更加好。

靜觀（Mindfulness）

（1）何為「靜觀」？

靜觀是指「留心當下」：即是有意識、不帶批判的覺察當下的經驗：包括思想、情緒和身體感覺。靜觀的練習就是培養這一份覺察力。

（2）靜觀訓練，不是宗教儀式嗎？

了解、學習靜觀前，讓我們首先要了解一些基本的腦神經科學。

人的腦袋，大致分為三層：

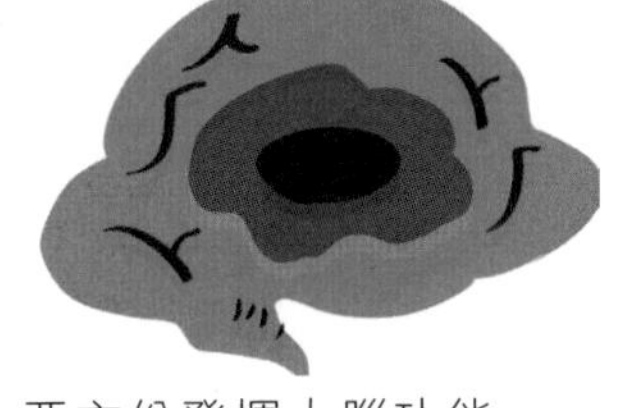

第一層是底層最核心的部份，負責基本的維生：如自主呼吸、心跳等功能。第二層是中間部份，負責情緒和行為等功能。第三層是最外的部份，負責理性和邏輯思考等功能。要充份發揮大腦功能，就需要各部份的良好協調和「溝通」。

當一個人很憤怒或恐懼時，即使平日很理性，也會被失控的情緒「騎劫」！難怪在盛怒下，一個人會衝動魯莽。當然，每個人都希望自己有好的情緒管理，但人往往卻是情緒習慣的奴隸。

人類的腦袋是一個由千億個腦細胞建立而成的複雜網絡。神經網絡的建立就像一片亂草叢生的地，但當不斷有人經過，就走出一條路來，還越走越寬闊。反之，少人走的路，就會漸漸消失。所以大腦之道，是「用之或棄之」(use it to lose it)。

這解釋了為甚麼人會養成習慣？因為負責該習慣的神經網絡愈來愈「順」，令人不知不覺地照着走。所以，當我們愈常以某種想法或行為對己對人時，這些反應就好像變得順理成章，甚至不由自主。

人要靠意志力去行動，有時會很吃力。但習慣力量卻如人的第二本能，令人不感費力地行動。所以好習慣令我們一生受益不淺。相反，若是有害的「情緒習慣」，如脾氣爆發、自殘等行為反應，則會令自己和身邊的人，甚受傷害和困擾！

腦內的中層有個重要的地方，名叫「杏仁核」。它是負責情緒反應的，其失調是形成焦慮症、驚恐症、創傷症候群等的原因。它猶如人體內的警鐘，當遇到威脅時會發出信號，並將情緒的經歷儲存成情緒記憶。而在腦最外的一層、最前端的部份，叫「前額葉」，它負責理性思維以及執行功能，能幫助我們客觀理性地解決困難。

妥善處理情緒其中一個關鍵，就是讓大腦理智的部份，與情緒的部份，有效地聯繫起來。

進行靜觀練習時，我們會細心觀察自己當下的身心狀態，不加批判，讓大腦「前額葉」能夠與「杏仁核」好好「溝通合作」。有了這重要的神經聯繫後，即使日後腦內的警鐘響起，若非有真正的危險，我們就理智地把警鐘按停，不讓情緒「騎劫」我們的行為反應。

另外，有腦神經研究指出，靜觀練習會使杏仁核的結構密度有所下降，進而減輕焦慮、壓力症狀。與此同時，海馬體、顳頂交界處等部份腦部結構的密度增加，這對調節情緒、提升記憶力大有裨益。

（3）如何把靜觀應用在治療上？

卡巴金博士（Dr. Jon Kabat-Zinn）是最先把「靜觀」帶到醫學領域的。卡巴金博士在 1979 年於美國麻省大學醫學院的附屬醫院，實施「靜觀減壓課程」（Mindfulness Based Stress Reduction, MBSR）。之後的研究結果，發現靜觀對受焦慮、失眠、慢性痛症、其他因壓力而引致的身心困擾的人士，甚有幫助。

西格爾（Zindel Segal）、威廉斯（Mark Williams）和蒂斯岱（John Teasdale）三位心理學家建基這「靜觀減壓課程」而發展出**「靜觀認知治療課程」。課程針對抑鬱症患者**。之後的研究發現，課程最大的效果，是有效減低抑鬱症的復發，尤其是對於多次復發的患者。

「靜觀認知治療課程」的內容，包括：身體掃描、觀呼吸靜坐法、靜心伸展等練習。參加者能夠從這些身心練習中，意識、體會到思想和情緒的關係，並學習與身體不適及負面情緒共處，從而改善身心健康。

一般來説，抑鬱症患者在病徵減退後，仍須服用抗抑鬱藥一段時間，以鞏固病情，有些病人，更要長期服藥，防止復發。不過根據國際權威學術期刊《刺針》(*The Lancet*) 在 2015 年發表的研究，顯示參加「靜觀認知治療課程」後減藥或停藥的研究對象，在復發率和生活質素等方面，與持續服用抗抑鬱藥的人士相比，並無明顯分別，這證實了靜觀認知治療對一部份長期復發的患者有預防的作用。

KC：姐姐 Cherry 的多次抑鬱症復發

我的姐姐 Cherry 今年 32 歲。她的抑鬱症已經三度發作。我很擔心。

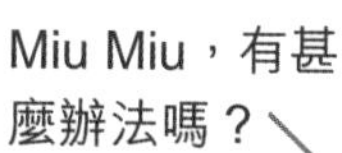

我介紹花姐和泰臣給
你認識吧，當初就是
他們幫助我的。

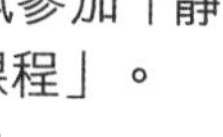

我建議她試試參加「靜
觀認知治療課程」。

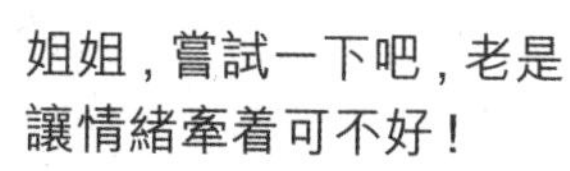

姐姐，嘗試一下吧，老是
讓情緒牽着可不好！

我要上班的，我不知道
能否完成課程要求！
Cherry

最初進行靜觀練習時，Cherry 感到很難受。

我並不習慣讓自己靜下來，所以在過程中感到身體很繃緊，而腦海又有走出許多反覆思想。我強迫自己盡快靜下心來，感覺很掙扎。

後來，導師提醒我，只要拋開「我要做得好」的期望，就能享受靜觀練習的過程，靜觀並沒有「做得好」或「做得差」的分別，只要願意嘗試，依照自己的情況進行練習便可以了。

經過多次練習後，即使 Cherry 發覺自己沒有很專注於練習上，但她並沒有如以往般批評自己，而是覺察和接受自己當天比較分心，並留心觀察自己分心時身體有甚麼感覺。結果，這次經驗讓她更加認識自己，她也漸漸發現只要付出時間，靜觀練習其實並不困難。

除了自己要拋開期望外，我發現在困難中亦有不少得着。雖然有時候會遇上一些自己不喜歡做的練習，但這是一個讓我學習與困難共處的好機會。

其實要不斷提醒自己做練習，也曾令我感到有點苦惱，但當形成習慣後，即使沒有刻意提醒自己，也不會忘記做練習。

有時候會在練習時受到騷擾，除了向別人解釋外，面對一些無可避免的騷擾，也視之為了解自己反應的機會，明白到最重要的，是盡量平靜地面對。

我和花姐都留意到當 Cherry 遇到困難的時候，會自然地透過靜觀練習去平復自己的情緒。這不是要與情緒抗衡，而是利用更寬廣的覺察力，嘗試與情緒共處，並留心自己身體當時的感覺。

現在我明白了，困難不是那麼可怕，**害怕困難更痛苦**！

在課程中，我發現自己有更多空間、能力去面對困難，對困難的反應不再如以往般強烈，也不再那樣害怕困難的出現。因為我知道，人生路上的困難是不能完全避免的。學懂與困難共處是必要的，逃避只會令問題惡化。

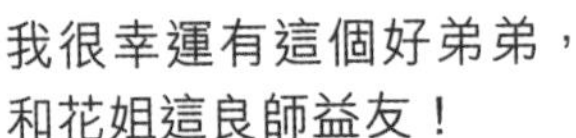

我很幸運有這個好弟弟，
和花姐這良師益友！

存在心理治療（Existential Psychotherapy）

這派別由醫生歐文．亞隆（Dr. Irvin D. Yalom）等學者提出，與其説是提供具體治療技巧，不如視之為一種哲學，提供治療者一個觀點。

存在主義治療大師亞隆反思一直以來心理治療的局限，而這方面，反而哲學能提供一些角度和洞見。亞隆提及人有四項終極關懷：**死亡、自由、孤獨、人生的意義**。人會因「存在」而產生焦慮，是因為意識到對立的「不存在感」而感到恐懼。

治療師的任務就在於鼓勵當事人探索甚麼是自己的終極關懷（ultimate concern），進而能夠找到生活的方向，追求一種更真實的生活。

（1）存在心理治療

存在心理的主要目的：在於培養自我察覺的能力，有了這份寶貴的覺察力，我們才能充份體驗內心世界和外在的生活。治療是一個具創造性的自我發現的歷程。

存在心理治療的醫師認為，死亡是人最大的存在焦慮。**察覺死亡與不存在，能讓人知道沒有永恆的時間來完成既定的計劃，將能使我們更加重視當下（here and now）。死亡摧毀了我們肉身的生命，但死亡的想法卻拯救了我們存在的生命！**（The physicality of death can kill us, the idea of death can save us.）

存在心理治療在於幫助面對生命的荒謬感，就是人要追尋意義：**生命意義的探尋是「投入」生命後的副產物；所謂投入，乃是我們願意過着充滿創造、愛、工作和建設性的生活的一種承諾。**而亞隆醫師就曾説：**我和病人的工作充實了我的人生，為生命提供了意義！**

人類存在的意義不是一成不變的，而是不斷的創造着自己——人是處於一種持續在轉換及演進的狀態中。

存在心理療法未曾建立一套具體的治療技術。因為**存在心理治療過程中，技巧只是次要的。重要的是治療者與當事人之間關係的建立。**

治療師本身即為治療的核心，亞隆醫師曾説過，很驚訝心理治療中，從沒用過「愛」和「同情」兩個字眼！而事實上，只有當治療師真誠地跟當事人相待時，才能觸及當事人的內心，才能達到最佳的治療效果。

Dr. May 時間

死亡帶來的再生

這是我從醫以來，最傳奇的個案。我相信「死亡」是大家公認最明顯的終極關懷。

認識 Julie，是經過腫瘤科同事的轉介。半年前，她被確診患上第三期乳癌。

Julie

Julie 是一位四十多歲的中學教師，她一直全身投入工作，至今仍然單身。數年前，她媽媽和姊姊先後因乳癌逝世，她現在獨居。

Julie 步上了她母親和姊姊的後塵，患上乳癌。她曾目睹她們臨終前，飽受病魔的煎熬。只是當時她們還有自己，而輪到自己得病了，卻是孑然一身，處境孤立無援。

Julie 經過手術後，又接受了化療和電療。因為失眠和焦慮，她被轉介來看我。

我看了 Julie 兩個月後，她的情況看起來好像還穩定。

直到有天的早上，我一踏進辦公室，同事就跑來找我——

醫生！大事不好了！

Julie 昨天從十樓自己的住所一躍而下，企圖結束自己的生命。

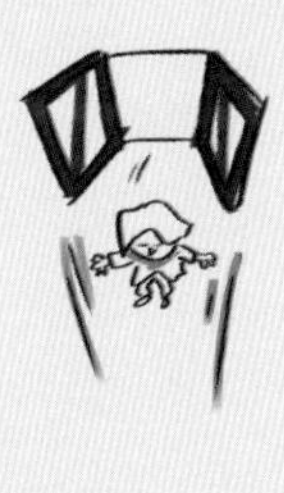

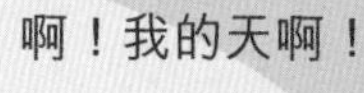

幸運的是，Julie「奇蹟」地並沒有摔死，因為她被三樓的晾衣架接住了，她只是有些骨折和皮外傷。之後的日子，Julie 臥病在床，動彈不得，我要到骨科病房看她。

起初的時候，Julie 一見到我，就把臉別過去，對我非常冷淡。她敷衍地告訴我，她往窗外曬晾衣物時，因為不小心而造成意外。

不管怎樣，我給她開了抗鬱藥，並囑咐病房的護士看守着她。

這樣子，又過了個多月，Julie 的身體和精神也逐漸康復過來。而我和她也逐漸熟絡起來。

有一次，我脫口而出：

妳知不知妳那次意外，令我十分震驚。想到現在能跟妳在一起，真的有種恍如隔世的感覺，我們差一點就此永別了。

這樣又過了兩個星期，Julie 已能在病房四處走動。她告訴了我她的心路歷程：

我一直是對人對己都要求很高的人，我希望事情在我預算和掌握之內。但患上癌症把我殺得一個措手不及，生命好像失去預算。我像被拋出往日生活的軌跡。我突然感到很害怕，很失落。我不敢想到將來，我害怕面對孤獨與死亡。

可幸的是，那時有一位很慈祥的長者，經常來探望我，他常常鼓勵我要學習隨遇而安。

「隨遇而安」——是的，我心中一直反覆地思量這四個字。我終於開竅了：我們只能活在當下，我根本不能為明天憂慮甚麼。真想不到，這老生常談的一句話，掛在嘴上半個世紀，直到現在才體會到它真正的意思。

Julie 這樣的恍然洞見，真是難得的心靈覺醒！

自此之後，Julie 跟以前是判若兩人。她康復出院後，回到學校重執教鞭。

（2）存在主義：死亡摧毀了我們肉身的生命，但死亡的想法卻拯救了我們存在的生命！

存在主義心理學曾提到，人赤裸面對死亡時，經常會有一戲劇性改變的契機。哲學家海德格曾談及兩種生存模式：「日常」模式——身邊的事情都頗無意識地因循度過；而另一種是「本真」模式——一種覺識到存在（mindfulness of being）的狀態，而人在這個狀態時，就是準備好讓生命更新改變。

但我們如何才能由「日常」模式，轉移至「本真」模式？

雅斯貝爾斯（K. T. Jaspers），一個德國哲學家和精神病學家，提到人遇到的「邊際經驗」——一種猛然醒覺，令人由日常模式，轉移「本真」模式的經驗，促使人對生存有更深層次的反省，直指向人生的終極關懷。邊際經驗可以是意外、生病、死亡……等，而當中人面對死亡是最強而有力的邊際經驗。經歷過邊際經驗的人，生命往往有不可逆轉的改變，因而活出更有覺醒和真誠的生命。

不少瀕死的癌症病人，都體驗到患病令他們重新排列生命的優先次序。他們會對名利說「不」，反而會盡力關心他們所愛的人。

Dr. May 時間

其實在 Julie 的治療中，我沒有直接的角色。我只是見證着一個人的改變：在 Julie 身上，上天以癌症和瀕死的方式，令到她覺醒，也令到她「重生」！

從荒謬中找意義：佛克蘭的意義治療

這一代，是陷入意義危機的一代。

有不少年輕病人患上抑鬱症，有一些患者服了藥後，抑鬱徵狀有改善，但是他們自行停藥。「病情是好了，但日子刻板無意義，我不想再吃藥了！」當 Dr. May 遇上這情況時，真的感到頗有挑戰性。

意義治療（Logotherapy）為奧國精神科醫生佛蘭克（Viktor Frankl）所創。這是關於意義、意志和抉擇對人的存在的研究學說，臨床上稱為「意義治療」。 這是佛蘭克以在集中營的經歷，研究出來的一種心理治療方法。他認為「人在找尋意義」，人是萬物之靈，治療過程觸及人的靈性向度。

人生的信念是甚麼？正如佛蘭克説：人若知道自己為甚麼要受苦，苦難的意義是甚麼，就幾乎能忍受所有的痛苦！佛蘭克認為，若缺乏生活的意義，就是「精神病」，他稱這為「意向性神經病」，即是缺乏意義、目的，因而變得抑鬱和空虛。

根據他三年多在納粹集中營的觀察，他相信在一切情況下，包括痛苦和死亡在內，都能夠發現其中所蘊含意義。人往往在受苦中發現某種意義，才能生存下來。

4 正向心理學：過有意義的人生

正向心理學（Positive Psychology）是近年來心理學發展的新領域。馬丁．沙尼文（Martin E. Seligman）是正向心理學之父，他指出：過去心理學的研究着重於治療心理疾病與改善負向情緒，但我們卻忽略了另一重要領域：為何有些人經歷了創傷和各種困難，卻能活得正面和豐盛？

沙尼文嘗試深入研究何謂人「真實的快樂」，也嘗試找出人的韌力和抗逆能力的原因。正向心理學幫助人去找出自己的強勢和優點，在遇到挑戰或挫折時，培養解決挑戰的積極思維，並在過程中不斷修訂心態思路，從而強化力量去迎難而上。

當一個人在生命可以找到一個可以讓你發揮潛能和所長的目標，不斷努力做一個「最好的自己」的過程，就實驗到「真實的快樂」。這就是古希臘人常常掛在嘴邊的「eudaimonia」，一半解作「幸福」，不過更確切應該理解為「自求多福」——透過忠於自己和實現自己，而達致一種生命圓滿的狀態。

正向心理的終極目標：過有意義的人生

研究正向心理，是回應一個最基本的問題：**究竟甚麼是人正向的發展與生活？**

依馬丁．沙尼文的看法，我們可以朝向下列三個目標邁進：

（1）快活的生活（Pleasant Life）：能夠成功在生活中獲得各樣正面的感受和情緒，例如：享受美食佳餚、好的音樂和電影、身心舒暢的環境、如詩如畫的大自然等。

（2）美好的生活（Good Life）：一個人若是能夠在生活重要環節上 (包括家庭、人際關係、工作等) 有積極的投入和參與。並在其中運用、發揮到我們個人的長處和美德，就能達至美好的生活。

（3）有意義的生活（Meaningful Life）：沙尼文博士認為，如果我們能夠運用個人的所長和美德，朝着比我們超越個人更大的目標邁進，生命便更有意義。

沙尼文更認為：有意義的生活，是人真實快樂最重要的元素。若是能過一個美好的生活——即是有投入感和歸屬感的生活，又比純粹快活享受的生活，幸福感更為實在和持久。

意義感和抑鬱自殺的關係

人活着是追求快樂，相信對這大家也都有高度共識。現今的父母和教育學家，都強調讓孩子快樂成長。但弔詭的是：為甚麼現在生活條件越好，人們卻越來越空虛？越來越多學童自殺？在我們的生命過程中，除了追求成功和快樂，是不是還有甚麼更重要的價值？

2014 年，維吉尼亞大學的大石茂弘和蓋洛普研究了 132 個國家近 14 萬人，他們發現問及快樂時，富裕國家的人民（例如北歐國家）比窮困國家的人民（例如撒哈拉沙漠以南的非洲地區）快樂；但是問及人生意義時，情況就不同了。法國、香港等富裕地區出現意義感最低的回應，多哥（Togo）等窮國家反而出現意義感最高的回應，雖然當地有些人是研究中最不快樂的族群。

研究中最令人不安的發現之一是自殺率。富國的自殺率明顯高於窮國。日本的人均 GDP 大概是 34,000 美元，獅子山共和國的人均 GDP 大概是 400 美元。但富國的自殺率是獅子山共和國的兩倍以上。表面上這個趨勢似乎不合理，富國人民通常比較快樂，相較於貧病交迫、內戰肆虐的獅子山共和國，生活水準猶如置身天堂，那究竟是甚麼原因導致富國人民自殺？

研究看到，自殺無法從快樂和不快樂的程度預測，但可以從意義來預測，更確切地說，就是可以由活着是否缺乏意義來預測。例如韓國日本那種意義感最低的國家，抑鬱症和自殺率最高。

現今的社會，往往太專注於外在和效能上，卻忘記應該回到身為一個人應有的模樣上。其實每個人都可以透過意義的四大支柱：**歸屬感**、**使命感**、**敍事**、**超越自我**，來活出有意義的人生。

5 靈性與精神健康

靈性並不等同宗教，它是泛指人的深層的需要：每個人都渴求心靈有所歸依，並由此從不同角度去透徹了解人生，對挫折和苦難的人生遭遇，也可詮釋正面的意義。

宗教信仰跟情緒病的關係

宗教信仰可以説是一種信念。每個人都可以有不同的信仰。信仰不能被強迫接受，也不能從理性辯論中獲得。

不過，大部份宗教信仰的禮儀過程，都可令信眾心境平和，跟神（或信仰的對象）更為接近。「得力在乎平靜安穩」，「屬靈的力量」令信眾能更有勇氣和信心，面對人生的順境逆境。

筆者也遇過有些人因為患了病，而對上天抱怨忿恨，對信仰的對象失去信心。不過也有些人能把宗教信仰化為力量，體驗到生病帶來對生命的洞悉體驗，認為這是「化了妝的祝福」。

很多研究都證實了宗教信仰跟身心健康的關係。因為大部份宗教都主張生活要張弛有道：不可縱慾、貪婪、酗酒。這些原則都有助人過一個身心靈健康的生活。

一個於 1999 年在美國進行的研究發現，有宗教信仰的抑鬱症患者，他們的抑鬱徵狀比起沒有信仰的明顯較輕。而那些能正面地利用宗教信仰去面對自己困境的患者 (positive religious coping，如相信藉着神能超越自身限制的信念)，不論在研究初期或之後的六個月，抑鬱徵狀都較輕微。宗教信仰的效用，已證實了不限於它帶來的社群支持 (social support)，而是直接令病人能得到心靈上的力量和安慰。

所以醫護人員要對病人的不同宗教信仰，都要盡量保持開放態度。因為宗教信仰在治療抑鬱症的過程中，是有一定位置的。

Dr. May 時間

迷失了的阿 John

阿 John 是一個年輕的外科醫生，在家中排行最大，一直唸書出色，是父母的驕傲。

阿 John 生於一個小康之家，但爸爸發展婚外情，最後還拋棄了家人。

阿 John 唸醫科，也是為了保證將來的收入，能照顧家人。他年紀輕輕就結了婚，因為心底裏他很渴望有一個幸福美滿的家。但婚後不到兩年，婚姻就有問題，他最後到了我的診所來。

阿 John 有抑鬱症的徵狀，我給他處方了抗鬱藥，但我明白阿 John 背後的心理問題殊不簡單。

我眼前的這位年輕醫生，前面是一條康莊大道。不過阿 John 的生活卻過得很糜爛，他喜愛酗酒，更喜歡結交不同的女孩。

阿 John 對自己的生活方式也感到矛盾和內疚。他告訴我，他最孝順媽媽，因為爸爸一直都在外面拈花惹草，媽媽為了孩子，只得啞忍。阿 John 極痛恨爸爸的所作所為。不過他卻不期然地重蹈爸爸的覆轍。

一天，阿 John 到了我的診所來，滿身酒氣。他告訴我想了結了自己——他把處方的藥全部吞下。我馬上叫救護車把他送到醫院。

經過一個月的住院治療後，阿John 的酗酒問題好像有點改善。他可以比較正常的工作。

記得有一次，阿 John 跟我說：

醫生，你看過《七宗罪》這齣戲嗎？

沒有看過啊！

電影《七宗罪》是述説一位即將退休的警探和他的同事，一起調查由狂徒以宗教儀式「七大罪」設局而犯下的七宗連環謀殺案。貫穿着情節的「七宗罪」是：貪食、貪婪、懶惰、淫慾、傲慢、妒嫉和憤怒。電影把人物道德的淪落都突顯出來，也影照着我自己的墮落。

我一生充滿家庭包袱：責任、縱慾、抑鬱、矛盾和內疚……我心中沒有平安，所以我要靠情慾和醉酒來麻醉自己。

我好想得到解脱。

有一天，我收到阿 John 上司的電話：

醫生，阿 John 今天沒有上班，我們找不到他，你有見過他嗎？

當天下午，警方就找到了阿 John ，原來他把車子駛到山上，自己在手臂上注射藥物。阿 John 被發現時已經死去。

阿 John 的酒精成癮，情緒抑鬱，牽涉他的成長背景，也牽涉靈性問題——人的價值、方向和意義。過去精神醫學並不着重探討人活着的意義，認為這些靈性和信仰問題，是神職人員的責任。

不過現今的精神醫學，卻發現靈性令人有方向感和意義感，這有助人以超越的角度去看待事情；反之，缺乏靈性的度向，抑鬱、酗酒、濫藥等問題變得更棘手！靈性的跟精神健康大有關係。

後 記

相對於藥物治療，心理治療對患者的要求更高。進行心理治療，當事人要有面對自我的勇氣。還有，心理治療師的工作不是單向灌輸，他們需要激發當事人從固有的視角中跳出來，聆聽自己內心的聲音，發現自己的需要，發現內在的力量，找到走出困境的方法。

心理治療能否取得效果，最終決定於自己的意願和行動。

比如認知行為療法，治療師會給當事人準備家庭作業，記錄自己的慣性思維，進行批判性思考，監測自己的情況進展等等。

患者的康復程度，取決於當事人良好的心態、正確的認知、肯踏出舒適圈的勇氣和行動；漸漸地，成熟的防禦機制、較強抗挫折能力等，也逐漸鞏固。

亞隆醫師曾說：**「我十分清楚，治療的成功，其中有病人的努力與力量，也有他們對我的信任，但他們的成功大體上還是要歸功他們灌注於我的力量。」**

所以，當病人問：「你能醫好我嗎？」這其實是一條不容易回答的問題。

有時候，當病人對療效失望時，不只病人不好受，醫生也是一樣。病人可能對治療抱有太高或不切實際的期望，而醫生明白有些情況，病人自身的配合是治療的關鍵。醫生知道有些病人的情況可以輕易改變，「藥一上腦，病就會好」，有些則不是那麼簡單。

經驗累積的智慧，是令我慢慢認識能改變的情況，按此去努力，協助病人作出正面的改變和康復；同時，也學習接受自己的不足和限制，分辨和接受有些情況，是屬於「深層」甚至是靈性上的問題，和接受病人是有他的自由抉擇，自己也不是「全能」的。

有一句話說得好：**每一種疾病，其本身就包含治癒的力量。我們需要做的，是醫患攜手去找到這種力量；重要的是，彼此都要努力，自強不息。**

讓我引用「寧靜禱文」中所說：

上帝啊，求你賜我勇氣去改變我們可以改變的，有胸襟去知道我們的不足、限制、然後謙虛地面對學習，對不可改變的，有智慧分別出來，慈悲地接受。

健康快樂的生活

k.f.c

30 likes

k.f.c 同事飯聚！正！

2017年7月22日

第四章
社交支持和治療

Dr. May 時間

人在一生中，患上抑鬱症的機率（終身發病率）最少也有5%-10%。所以這是一種很常見的病症。即使是自己沒有患病，周圍有人得了抑鬱症也不是一件不可思議的事。讓我們來討論一下，如何與抑鬱症患者交往。

抑鬱症信號的多樣性

我們已經在本書詳細地介紹了有關 DSM-V 所歸納的抑鬱症症狀，可是抑鬱症並不只是單純的情緒消沉，而是從情緒焦躁、到表現出強烈身體症狀的「假面抑鬱症」等，症狀各種各樣。

如果你的周圍有人，總是在訴說他的身體或是心裏不舒服。那麼他有可能已經患上抑鬱症了。

身邊親友有憂鬱症，我們該如何面對？

是要有所避忌，盡量不要提起抑鬱這敏感話題？

或是不碰他，讓他自己有些空間靜下來！

還是為他打氣，鼓勵他要積極加油？

世上無難事，只怕有心人！
你說對不對啊，小黑？

答案：都不是！

請細心閱讀下文。

第 1 節

家屬和朋友如何與患者相處

1 家人朋友不可做的事

嚴禁激勵患者！

人們已經漸漸明白，在不經意間，對抑鬱症患者進行激勵是不對的。患上抑鬱症最根本的原因，是神經傳遞物質失去平衡，面對這種由於身體原因而患病的人，只是簡單地進行激勵的話，就好像對骨折的人，說他要跑起來一樣，是不可能的事。對不可能的事進行強求，可能會讓抑鬱症病人更加痛苦。

需要說明的是，所謂的**禁止激勵患者**，不單單是指說一些如「加油啊！」、「打起精神來啊！」這樣類似的激勵的話，即使你用很溫和的語言，比如：「希望你早日康復啦！」也許會讓抑鬱症患者感到「被期待」，加重了他的心理負擔！

切勿提出自以為是的觀點。例如說：

「你可以想得正面些！好像有半杯水，為何你只看到空的半杯？你還有半杯水啊！」

「如果你不執着，能夠看開點，你也可以快樂起來。」

樂觀一點就是了！

不過要記住，憂鬱症的相反不是「不快樂」，憂鬱症是病，病是要專業醫治。不明就裏地提出勸説反而會傷害患者。憂鬱症屬於腦部疾病，是腦部的神經傳遞物質失調，若情況未好好恢復，患者思想不能正常運作。往往這些激勵的説話，只會讓當事人覺得你沒有同理心，完全不明白他們。所以家屬親友的陪伴和聆聽，就是對患者最好的支持！

少去批評指責！

例如説：

「還不起床？你究竟是病，還是懶？」

「整天呆在家，你究竟想不想自己康復？」

事實上，患者是失去動力去從事看似簡單不過的活動，當事人已經不好受，這類指責更令他們覺得委屈無奈，令大家關係緊張疏離。

真消沉！你就是想太多了！

不要跟他們爭辯

有不少人會對患者說：「比起非洲難民，你幸福多了，看看打仗時有沒有人憂鬱的？」……其實這種說話，令患者覺得他們的痛苦，在你眼中不值一提，甚至是無病呻吟！

我們不時聽到家人對患者說：

「與我們經歷的大風大浪相比，你的問題屬於小兒科，這一代真是在温室長大。」

這些說話，只會令抑鬱症患者，更認定自己是徹底的失敗者，感到罪咎和羞恥。

此外，家人有時會好心做壞事，對患者說：

「又來了！你可否別自怨自艾鑽牛角尖！為何你不參加義工，看看別人比你更慘！不要整天自我沉溺！」

要明白這種說話，是抑鬱症病徵之一：「反芻思考模式」——「我到底會不會痊癒？我是不是沒希望了？」反芻思考會加深抑鬱，有些患者因而想不開而了結自己的生命。

2 對家人朋友的建議

以下是對患上抑鬱症的家人朋友的建議：

（1）提醒、鼓勵、陪伴他們就醫，並配合醫生完成療程！

（2）聆聽他們，讓他們知道自己不是孤軍作戰。也讓他們知道，抑鬱症只是他們暫時的狀態，狀態改善了，他們的生活就能重拾正軌。

（3）患者有時為了不想成為人的負擔，而拒絕別人的幫助。但千萬不要就此不理他們，令他們更加感到孤立無援！

（4）當患者談起自殺念頭的時候，開心見誠地讓他們說出內心深處的想法。並且盡快告訴他們的主診醫生。

（5）家人親友可以適時地邀請他一起出外走走，做些事情或運動，但不要太勉強他們。

抑鬱症的治療，雖然多少要花些時間，但是通過治療是會好起來的。我們先要了解抑鬱症是一種甚麼樣的病，並對對方的痛苦有充份的認識，然後做到不催促、耐心等候恢復，這是非常重要的。

在整個治療過程中，行動是不可或缺、卻最難堅持的一步。 不少抑鬱症患者性格都偏向敏感；對人對事較為執着、追求完美，也有一些患者習慣依賴別人和逃避問題和痛苦。總言之，他們往往想得多，但做得少。我常常說：「身體肯動、腦袋肯停；身體不肯動，腦袋就轉個不停。」但人的惰性慣性，令他們裹足不前。因此，對於抑鬱症患者來說，「行為活化」可以減少反芻思考，改善心情，更新信念，令人逐漸能克服內心恐懼和障礙。

第 2 節

抑鬱症患者的宜忌

Do's 宜	Don'ts 忌
1. 接受自己的病，培養自我覺察的能力和病識感。好好配合治療，令病情穩定。這樣子，就能有好的基礎發展事業、人際關係和興趣。好好照顧自己，在過程中欣賞自己的努力，而不單靠外在的成功肯定自己。	1. 抗拒自己有病，不肯配合治療。常常跟別人比較，一就是妄自菲薄，要不就是要執着追求外在的成功，以致犧牲自己的健康。
2. 對抑鬱症已經復發過三次或以上的患者來說，堅持服藥很重要。不要因為要服藥，就自覺自己低人一等。藥物的副作用往往隨着時間，和良好的生活習慣，而減少對生活的影響。	2. 認為感覺好了就自行停藥。事實上，因為情緒的變化，不是立刻跟停了服藥有關，而是浮現在之後的幾個星期或幾個月。相反是吃了藥也不是立即好。不能維持穩定的服藥習慣，最後弄到病情反覆，難以受控。
3. 除了藥物以外，也能在心理、社交和靈性上反省努力。除了服藥外，也要努力令自己思想更為健康成熟：改善人際關係，找出自己的信仰力量。	3. 只一味要求藥物去解決自己的情緒問題。甚至認為自己的思維習慣、人際關係、存在的意義感，也都是藥物能解決的問題。
4. 培養運動和靜坐的習慣。就是在家有部單車、跑步機，跟着 YouTube 做些運動，也對抑鬱症有幫助。	4. 不肯運動和靜坐。因為這些練習都不能即時奏效，就給藉口去置之不理。
5. 實行「行為活化」，就是感到不想動也去做一些小事情：洗個熱水澡、散步、整理抽屜等。	5. 任性地隨感覺行事，抑鬱時不想動就一天躺在床上。若是借酒消愁或暴食，就令抑鬱症更為惡化。

6. 有時，種植和養寵物對改善情緒很有好處。這些事情除了令患者有些活動外，也令他們減少自我中心。	6. 對要有些自己付出的事情，就不肯去做。加強自我中心的思維。
7. 作息有序。失眠固然辛苦，但過多的睡眠會加重抑鬱。	7. 任由自己整天躺在床上，令情緒病加劇。
8. 培養一種適合自己的信仰和靈性修行。 好的信仰令人心境祥和喜悅，令人生有個抛錨點。這種力量能使人更正面去面對情緒病。	8. 忽視和輕看人靈性的需要。希望快樂祥和可以不用努力、一蹴即至。
9. 尊重和保護自己的私隱。不要隨便對外人説自己的病。因為多數人不能好好理解，不恰當的袒露反而對自己不利、甚至受到傷害。	9. 不保護自己的私隱。不看對方是否能理解你的情況，就袒露自己的病。 對別人不理解時就憤世嫉俗，怨天尤人。
10. 不在情緒不穩定時作出重大決定。會跟自己信任的人商量，讓自己更能客觀和理性做好決定。	10. 任由情緒去主導做出重要的決定。不肯跟別人商量，也不接受別人的意見。
11. 盡量跟別人保持一些連結，在適合自己群體中培養歸屬感、貢獻感。肯投入社會工作，就是簡單的工作，義工也好，都令人生活作息有序，情緒得以改善。	11. 封閉孤立自己，不肯開放自己，不肯出去工作，離開自己的安全網。
12. 對於感情能慎重。好好照顧自己，培養自愛和愛人的能力，就能對伴侶家人有成熟和負責任的愛。	12. 過份倚重感情生活，把希望寄託在別人身上。忽略培養愛己愛人的能力。

第五章

如何減低自殺的風險

Dr. May 時間

2016 年 8 月的一個早上，同學群組傳來噩耗：女外科醫生張睿珊在家墮樓身亡。張留下遺書，內容透露工作壓力而引致情緒低落等。我不認識張，但我的好朋友腫瘤科的楊美雲醫生，卻盛讚張是一個醫術精湛、樂於助人的同事。所以大家對她的逝世，都大惑不解。

其實抑鬱症是很普遍的情緒病，據統計，本港已有超過 30 萬人患上抑鬱症。據世界衛生組織（WHO）的資料顯示（截至 2021 年 9 月），全球成年人之中有 5% 即約 2.8 億人患抑鬱症，不過當中竟然少於三成的患者會尋求有效的治療。

若然不幸患上抑鬱症，輕則損害日常生活，重則引致自殺危機。可惜一直以來，不少人對抑鬱症都有偏見和誤解，連不少醫護人員也不例外。

事實上，抑鬱症是腦部的疾病，這可以是因為遺傳傾向、性格和環境因素誘發，當患者身體產生過量和持久的壓力荷爾蒙，就會擾亂了腦部分泌，令掌管情緒、行為動機、記憶、睡眠及食慾的部位失調。

普通人的情緒分佈

抑鬱症患者的情緒分佈

抑鬱症最核心的病徵是超過兩星期以上的情緒低落，患者亦會喪失感受快樂的能力，例如對以往感興趣的事物提不起精神。抑鬱症患者的低落情緒，有別於一般人在平時常有的不開心和難過。他們經歷的是一種無以名狀的低落情緒，嚴重的時候，患者甚至感到前面一片灰暗，認為自殺是唯一出路。

家人和朋友除了要有效辨識抑鬱症的病徵，鼓勵患者求診外，更要留意患者是否有自殺的徵兆：對將來感到絕望，説出一些平日不會説的話，例如丈夫突然説：「你要自己保重！」，「我希望你能好好照顧孩子」等。有些患者會把銀行存款、資產等轉名到別人名下，或把心愛的寵物「託孤」等，這些有如交代「身後事」的行為，往往就是企圖自殺的先兆。

第 1 節

常見有關自殺的謬誤

1 謬　誤

謬誤一：那些經常説要自殺的人決不會真的去自殺

正解：每一次當事人提到他 / 她要自殺，都要留意他 / 她有沒有對將來無助無望的想法和情緒，和反常的説話行為。

事實上，若當事人有企圖自殺的歷史，自殺風險會比一般人為高。

謬誤二：和想自殺的人談論自殺會提高他們自殺的危險性

正解：其實跟想自殺的人談論自殺，並不會提高他們自殺的危險性，反而能讓患者有機會去抒發感受和求助，專家也能較準確地評估他們的自殺風險，和提供有效的介入。

謬誤三：一旦企圖自殺者表現出較改善的跡象就表示危機已經過了

正解：這也未必正確，因為當事人可能覺得自己既然已決定尋死，也不用再忐忑思量，立定心意反而令患者感到輕鬆解脱。

謬誤四：自殺只會發生在某一類型的人身上

當然，性格內向執着，思想負面且悲觀的人；和遇到困難或挫折時較少將心事與人分享的人；及思想偏激，不能接受失敗的人，普遍都會較容易患上抑鬱症。但就算性格樂觀積極，但若不幸患上抑鬱症，嚴重的話，一樣會有自殺的危機。

抑鬱症是可治之症，如患者能及早接受妥當的治療，絕大部份的病人可以痊癒，回復正常的生活。

要有效醫治抑鬱症，就是促進大腦的分泌回復正常，使受擾亂的部位的修復。在這方面，尋求專業意見，服用適當的抗抑鬱藥、加上心理治療、社交支援等，都是有效方法。

若我身旁的人有自殺念頭，怎麼辦？我可以怎樣幫助他們？

其實當我患上抑鬱症時，確是曾有自殺的念頭。

抑鬱症和自殺，有密切關聯。研究顯示，抑鬱症患者當中，有三分之二曾有自殺的念頭，百分之十五死於自殺。所以真是要正視抑鬱症。

旁邊的人最好能多表達關心與支持：「讓我們共渡難關吧！」「有心事……説出來吧！」「我也許幫不了甚麼，但我樂意傾聽，也願意陪伴你去求助！」這些都是温暖窩心的説話。

以我過來人的經歷，安靜地陪在身旁，平靜而溫柔地關懷，總比胡亂的勸告如：「不要想那麼多了」、「忘記煩惱吧！」等來得實際和有效。

Miu Miu 生病時我也擔心，若 Miu Miu 有需要，我會盡量陪她，或安排親友陪伴她。

以前我不知怎樣做，但自從 Miu Miu 有病後，我嘗試設身處地去感受她的情緒。

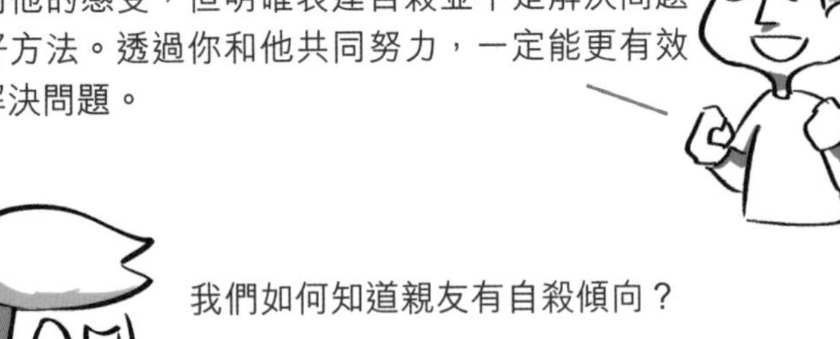

要認同他的感受，但明確表達自殺並不是解決問題的最好方法。透過你和他共同努力，一定能更有效地去解決問題。

我們如何知道親友有自殺傾向？

他們會明示或暗示有自殺的念頭及計劃，例如在情緒低落時或激動時說：「我不想做人！」「我想死！」

此外還有：「我不在的時候，你要照顧自己。」若說出這些令人不安的說話，我相信都要注意。

對啊，要留意他們有沒有收藏藥物，或是買大量的炭等行為。

那時，我最放心不下的就是小黑。以我過來人的說法，安排後事，包括談及死後的安排；寫下遺書；送出大量心愛的物品；向親友作最終的告別等，都是警號！

Miu Miu 說得很對！

2 自殺的風險指數

（1）世界衛生組織指出，在先進國家中，九成自殺個案與精神困擾（尤其是抑鬱症和藥物濫用）有關。根據數字顯示，約有三分之二的自殺者，患上不同嚴重程度的抑鬱症，一成患上思覺失調。有兩成的自殺個案，同時有酗酒濫藥問題。

（2）根據外國的研究指出，30 歲以下的自殺者不少都是因為性格情緒衝動，或跟酗酒濫藥有關，也有因為不能面對環境壓力，而選擇了結自己；至於30歲以上的自殺個案，則多數跟情緒和健康問題有關。

（3）至於最高自殺風險的人士，則為獨居的抑鬱症患者，當中尤以男性更甚。所以社交支援可以防止自殺發生。

Dr. May 時間

問：抑鬱病患的自殺事件通常是否會在「危險時期」發生，例如失去摯愛、失業、失戀之時等？

答：其實這些未必是非常危險的情況，但若能及早提供支援，可以減低危險和惡化機會。下文有進一步説明。

有關抑鬱和自殺的事實

1. **常感到抑鬱焦慮的人**：八成的自殺個案是在情緒極度抑鬱時發生的，所以及早發現並治療抑鬱症，可以減低自殺風險。

2. **把自己封閉孤立的人**：當一個人孤立無援，更易沉溺在自己消極絕望的世界。研究指出，社交支援能有效的預防自殺發生。

3. **常感到憤怒怨恨的人**：當一個人對自己和世界充滿着憤怒和憎恨時，就會變得容易偏執激動，傷害自己和他人的危險亦會提高。

4. **受酒精與藥物影響的人**：不少人會借酒消愁，或胡亂服藥，企圖藉此紓緩自己的情緒困擾。不過這樣做只會減低自制能力，令人更容易衝動，更不顧後果而了結自己生命。

5. **受到幻覺操控的人**：有些極度抑鬱的人，可能會出現一些幻聽和妄想：如「你冇 x 用，仆街去死啦！」等粗言穢語。在這些情況下，不堪被幻覺妄想折磨的患者，會更容易選擇乾脆去了結自己！

Dr. May 時間

有自殺念頭的人需要及早接受治療——抑鬱症是可以治癒的！ 自殺不能解決問題！切忌諱疾忌醫 ！

輪流24小時陪伴在側亦非上策，如果親友有強烈的自殺傾向，就應該及早接受入院觀察和全面診治。

總　結

經歷過抑鬱症，我明白它是一種相當普遍的病症，是因為我們大腦的神經傳遞物質失去平衡而引起。

這不是性格軟弱，或意志力不足的表現，因為無論是誰，都有可能患上這病！

抑鬱症發病的原因是「多因」性的。它還可以戴上不同的「面具」，由它而帶來的徵狀，可以有各種各樣心理或身體的變化！而且因為抑鬱症是漸進式地「蠶食」着人，患者往往習慣了那種狀態，而不知道自己已經患病！

若身邊親友多加覺察，並鼓勵患者去求診！那麼就令患者早日痊癒！

我以前一直認為「心病還須心藥醫」，醫生要替病人「解開心結」。現在我還明白到藥物治療，尤其對中至重度抑鬱症很重要！

抑鬱症是可以「死人」的！置之不顧，後果可以不堪設想！為了治療，真是要肯踏出一步向身邊的人求助！

對，自殺的人當中，不少其實是患上抑鬱症的！據統計，有差不多八成！

這裏是數個月的藥量，
記得不要自行停藥！
吃這麼久？

透過藥物治療、心理治療和調節生活作息，抑鬱症是可以康復的。但不知道原來吃藥要吃差不多一年，甚至更久。

藥物治療確是需要一段時間，病情才能穩定。對於已經復發多次的病人，維持吃藥可減低病魔的侵襲。我常說，不要執着吃不吃藥，而是把焦點放在過正常美好的生活上，吃藥只是達到這目的的方法。

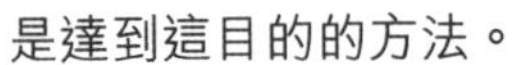

說來抑鬱症可以說是一種慢性病。

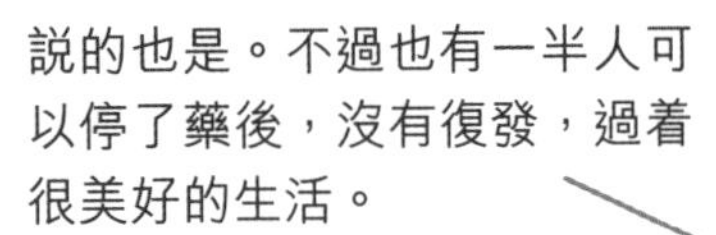

說的也是。不過也有一半人可以停了藥後，沒有復發，過着很美好的生活。

甚麼人能徹底康復？

這方面，現在還未有一個定論。不過我常說，治療抑鬱症，我們要「四管齊下」！除了藥物，還需要合理的思維模式、生活習慣、親友的支援、靈性和信仰！

其實要身體健康，那能不談精神健康！沒有清晰頭腦，怎會有好的生活！有不少人認為不需要吃藥，才叫「完全」痊癒，但這是一個執念。如果吃藥能讓你過充實的生活，這也算是痊癒！

我非常同意你的說法！

我見到有些人就算不接受治療，也會自然痊癒，對嗎？

我知道有些人並沒有接受治療，有研究發現當中有大約 1/4 人在三個月內痊癒，1/3 人在六個月內痊癒，少於一半人在一年內痊癒！不過這要看抑鬱症的嚴重性，和可能有的風險。還有，在這段沒有治療的期間，造成的工作和人際關係的影響，之後可能很難修補！

所以有些病人希望選擇非藥物治療，令他們感到有較強的自主感！

這是可以理解的。藥物治療不是全部，但也不用對吃藥感到羞恥！

患上抑鬱症，可以有一些正面的意義嗎？

當然有！人生每一個難關，我相信都蘊含生命成長的契機！當一個人經歷過抑鬱症，透過內省，可以重新釐定生活的步伐和優先次序，令生命過得更有深度，對人富更有同理心！

往後的日子，我們一定會加油，好好照顧自己，幫助身邊有需要的人！

調節心情

休養期間來教小黑新招吧！

嗷嗚

黑的顛倒

早晨！
狗衫狗 say

漆黑一團

越黑豐糕

!!

那我豈不是很難吃到蛋糕？

黑心諗蛋糕

中醫學對抑鬱症的認識

王如躍　註冊中醫師
羅德慧　註冊中醫師

在現代社會，抑鬱症已經是一種常見的情緒病。在日常生活中，任何人都會有情緒低落的時候，當這些情緒持續過久、過於劇烈，或者無緣無故地發生時，這就可能是抑鬱症了。抑鬱症患者在情緒上出現障礙，並且引起生理和心理的失調。抑鬱症常見的臨床症狀有：情緒低落、興趣喪失、疲勞或精力衰退、失眠、厭食、注意力和記憶力下降、反應遲緩或過激、嚴重者會有自殺傾向，因此應當予以重視。抑鬱症屬於中醫學「鬱病」的範疇，中醫學認為，抑鬱症的發生主要是情志失調、肝氣鬱結，逐漸引起臟腑功能紊亂所致。

中醫學對抑鬱症病因病機的認識

中醫學認為情志活動是精神思維活動的外在表現。人體的精神活動是由神、魂、魄、意、志這五神所產生，五神分屬於五臟，正如成書於戰國時代的中醫經典著作《內經素問・宣明五氣篇》指出：「心藏神，肺藏魄，肝藏魂，脾藏意，腎藏志，是謂五臟所藏。」情志活動就是在五神的基礎上產生的，因而是喜、怒、憂、思、悲、恐、驚，即七情。七情是人們在與外界事物接觸時產生的，也就是在各種事物的作用下人的心理活動表現，這些表現如果適度，它們對人體是有益而無傷害；但如果七情超越一定限度而不能節制，即七情失調，就會影響正常的心理活動，形成異常的情志，進而傷及臟腑。例如，心情抑鬱是情緒低落、鬱悶寡歡的表現，每個人在一生中都會遇上一些生活上或事業上的困難和煩惱，憂鬱是難免的，但如果長期悶悶不樂，情志抑鬱，就會使氣機活動受到影響，久之則引起臟腑功能及氣血陰陽失調，產生各種疾病。而當疾病產生之後，又會引起和加重情志抑鬱，此即「因鬱致病」，「因病致鬱」的道理。

具體來講，中醫學認為抑鬱症的產生機理主要有以下三個方面：

1. 臟腑功能失調：

其中包括心神失養、肝氣鬱結、肺脾腎失調。

2. 個體體質因素：

抑鬱症的產生，是個體受到威脅或侵犯，或主觀期望值過高，擔憂自己無能力實現目標所產生的內心衝突、擔心和憂慮。這種擔憂或許因為客觀的、實實在在的對其利益產生威脅的事物存在，或者根本就不存在這種事物，而只是患者自身過於敏感，憂心忡忡而已，正因為如此，情志抑鬱的產生具有一定的人格基礎。素體虛弱，性格內向的人，比較容易出現情志抑鬱。中醫學認為，少陰之人（木形人），其性格多沉默、悲觀、多憂多愁。而太陰之人（水形人），其感情更為陰沉曲折，內向鬱悶，所以容易憂思和悲哀，而且持續不易解決，這兩種人都有抑鬱症的易發性傾向。

3. 客觀環境影響：

中醫學認為情志是人們對客觀世界的一種反映，因此社會動盪，境遇變遷，天災人禍，意外刺激，所欲未遂，緊張操勞等，對抑鬱症的產生都有一定影響。《內經素問．移精變氣論》說：「往古人居禽獸之間，動作以避寒，陰居以避暑，內無眷慕之累，外無伸宦之形，此恬淡之世，邪不能深入也。……當今之世不然，憂患緣其內，苦形傷其外，又失四時之從……所以小病必甚，大病必死。」明代醫家李梴《醫學入門》也說：「所處順否？所處順，則性情和而氣血易調；所處逆，則氣血怫鬱。」這說明了每當逆境或挫折來得愈突然，其刺激強度愈大，人的心理承受也愈重，因此容易出現抑鬱症。

中醫學對抑鬱症的現代研究

現代許多學者通過研究認為，抑鬱症在臨床上有心理情緒變化與軀體主觀不適兩方面表現，中醫學對抑鬱症的治療多數採用中藥、針灸和心理治療相結合的方法。另外，許多學者根據中醫理論對抑鬱症的病因病機、辨證分型、治法方藥等做了廣泛深入的實驗研究和臨床研究。其辨證論治大致可分為六型：即 1. 肝鬱脾虛型；2. 心神不安型；3. 腎精不足型；4. 氣滯痰阻型； 5. 心脾兩虛型；6. 濕熱內蘊型。

在臨床中，除了辨證處方用藥之外，可根據不同的證型建議患者服用以下的食療方：

1. 肝鬱脾虛型：

症狀：心情抑鬱、脅肋脹痛、經常唉聲嘆氣、不思飲食、大便溏、神疲乏力、女子可見月經失調、舌淡苔薄膩、脈弦細。

治法：疏肝、解鬱、健脾

膳方：合掌瓜淮山蓮子瘦肉湯

材料：合掌瓜兩個；淮山 2 両；蓮子 1 両；陳皮 2 錢；瘦肉 4 両

製法：合掌瓜洗淨去皮切小塊，連同所有材料洗淨一起放入鍋內，加清水六碗，煲兩小時，加少許鹽即可食用。

服法：每週 1 - 2 次

2. 心神不安型：

症狀：心境低落、精神恍惚、對生活缺乏信心，或心神不寧、煩躁失眠，舌質淡、脈細。

治法：養心安神

膳方：甘麥大棗湯

材料：甘草 4 錢；小麥 3 両；大棗 10 枚

製法：所有材料洗淨一起放入鍋內，加入清水六碗，煲兩小時，加少許鹽即可食用。

服法：每週 2 - 3 次

3. 腎精不足型：

症狀：注意力和記憶力下降、精力衰退，眩暈耳鳴、小便頻數、夜尿多，舌質淡苔薄白、脈細弱。

治法：補腎益智

膳方：合桃黑豆瘦肉湯

材料：合桃 2 両；黑豆 2 両；杞子 5 錢；陳皮 2 錢；瘦肉 4 両

製法：所有材料洗淨一起放入鍋內，加入清水六碗，煲兩小時，加少許鹽即可食用。

服法：每週 1 - 2 次

4. 氣滯痰阻型：

症狀：精神抑鬱、胸悶頭痛、自覺咽喉有物哽阻，腹脹食少、大便不暢，舌苔厚膩、脈弦滑。

治法：行氣化痰解鬱

膳方：蘿蔔鯽魚湯

材料：白蘿蔔一斤；鯽魚一條；生薑 3 片；陳皮 2 錢

製法：白蘿蔔洗淨去皮切小塊，鯽魚洗淨用少許油先煎一下，再連同所有材料洗淨一起放入鍋內，加入清水六碗，煲兩小時，加少許鹽即可食用。

服法：每週 2 - 3 次

5. 心脾兩虛型：

症狀：精神抑鬱、健忘心悸、頭暈眼花、注意力下降、多思善慮、失眠多夢、面色蒼白、食慾不振，舌淡有齒印、脈細弱。

治法：補養心脾

膳方：蓮子百合龍眼肉湯

材料：蓮子 1 両；百合 1 両；龍眼肉 5 錢；陳皮 2 錢；瘦肉 4 両

製法：所有材料洗淨一起放入鍋內，加入清水六碗，煲兩小時，即可食用。

服法：每週 2 - 3 次

6. 濕熱內蘊型：

症狀：情緒不安、胸悶煩躁、身熱倦怠、食慾不振、小便不利、大便不爽，舌紅苔黃膩、脈滑。

治法：清熱祛濕

膳方：冬瓜薏米赤小豆湯

材料：冬瓜一斤；生薏米 2 両；瘦肉 4 両；赤小豆 1 両；陳皮 2 錢

製法：冬瓜洗淨連皮切小塊，再連同所有材料洗淨一起放入鍋內，加入清水六碗，煲兩小時，加少許鹽即可食用。

服法：每週 2 - 3 次

由於情志失調是導致抑鬱症的重要因素，因此防治該病除了應用藥物和食物之外，還要注意調節情志。以下幾點可供參考：

1. 培養積極樂觀的生活態度，保持知足常樂的心境。
2. 學習解決疑難問題的方法，及時改變思考的方式。
3. 持之以恒地做適量的運動，合理安排作息的時間。

另外，家庭和社會的關懷及支援，也是防治抑鬱症的有效措施。

中西醫如何配合治療抑鬱症

當患者經過西醫診斷確診為抑鬱症，西醫給予服用西藥時，如果患者需要配合中醫治療，不要自行停服西藥和自行減少服西藥次數和藥量，應當及時諮詢相關主診西醫。

書　　名　圖説精神疾病——揭開抑鬱症的面紗

作　　者　苗延琼

繪　　圖　Mo Chan

責任編輯　林苑鶯

美術編輯　郭志民

出　　版　天地圖書有限公司
香港黃竹坑道46號新興工業大廈11樓（總寫字樓）
電話：2528 3671　傳真：2865 2609
香港灣仔莊士敦道30號地庫（門市部）
電話：2865 0708　傳真：2861 1541

印　　刷　美雅印刷製本有限公司
香港九龍觀塘榮業街 6 號海濱工業大廈4字樓A室
電話：2342 0109　傳真：2790 3614

發　　行　聯合新零售（香港）有限公司
香港新界荃灣德士古道220-248號荃灣工業中心16樓
電話：2150 2100　傳真：2407 3062

出版日期　2019年7月／初版
2023年3月／第二版

ISBN ： 978-988-8548-18-7